KB043791

MATHS

IN MINUTES

수학

폴 글렌디닝 지음 | 김용섭 옮김 | 배수경 감수

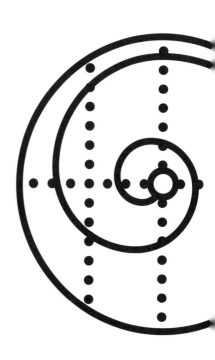

arte

/ 차례

서문

수학은 지난 4,000년 동안 진화해 온 학문이다. 아직도
우리는 바빌로니아 인들이 사용한 360도 단위로 각의 크기를
측정한다. 기하학을 발명한 고대 그리스인들은 무리수의
개념을 이해했다. 무어 문명Moorish civilization은 대수학을
발전시켰으며 숫자 0의 개념을 대중화했다.

수학이 풍부한 역사를 가진 데에는 이유가 있다. 수학이라는
학문은 과학, 기술, 건축, 상업에 놀랍도록 유용하며, 지적
욕구를 충족시켜 주는 주제이다. 수학은 다채로운 역사를
가지고 있으며 이미 발전된 분야를 더욱 깊이 연구하고 새로운
분야를 개척하고 발견해 나가며 앞으로도 계속 진화해 나갈
것이다. 최근에는 컴퓨터로 미지의 영역을 탐험할 수 있게
되었다. 전통적인 수학적 증명으로도 최종적인 이론을 확립할
수 있지만, 수치 시뮬레이션을 활용한 방법으로 새로운 영감을
얻을 수도 있다. 이를 통해 수학적 가설을 확립해 나가는
속도가 더욱 빨라질 것이다.

수학이라는 학문을 고작 200개의 주제로 이해할 수 있다고
생각하는 것은 정말 터무니없다. 그래서 이 책에서는 고대와
근대에 이룬 일부 수학적 성과에 대해 설명하면서 그 성과의

흥미로운 점들을 서술할 것이다. 그중 몇 가지 이론은 자세한 설명을 위해서 수학적 풀이에 집중했다. 그리고 그 이론들을 적용한 사례들은 간단하게 언급만 했다.

수학적 이론들은 각 이론들을 기반으로 또 다른 이론들을 확립해 나간다. 그래서 이 책은 유사한 주제의 이론들을 함께 묶어서 제시한다. 하지만 독자는 그사이에 있는 더욱 넓은 상관관계를 주시해야 한다. 수학의 가장 놀라운 특징 중 하나는 바로 관련이 없어 보이는 분야들도 깊이 연관이 있을 수 있다는 것이기 때문이다. '가공할 헛소리'(Monstrous moonshine, p. 286)는 근대적인 사례 중 하나이며, 행렬 방정식(matrix equations, p. 260)은 더욱 확실한 사례이다.

이 책은 인류가 4,000년 동안 기울여 온 노력을 자신 있게 요약한 것이라 할 수 있다. 그러나 이것은 단지 시작일 뿐이다. 이 책이 더 많은 독서와 깊은 사고로 이어지기를 바란다.

— 폴 글렌디닝

숫자

기본적으로 숫자는 수량을 나타내는 형용사일 뿐이다.
예를 들면 '의자 세 개' 혹은 '양 두 마리' 같은 말에 숫자가
사용된다. 하지만 이렇게 숫자가 형용사 역할을 할 때도
'염소 두 마리 반'이라는 표현은 말이 되지 않는다는 것을
본능적으로 알고 있다. 이처럼 숫자는 다양한 쓰임새와
의미를 지녔다고 볼 수 있다.

고대인들은 숫자를 다양한 방식으로 사용했다. 숫자에는
상징적인 의미가 있었다. 예를 들면, 이집트의 상형문자는
숫자 1,000을 수련으로 표시했다. 이런 시각적인 접근은
보기에는 좋을지 몰라도 대수학에 사용하기에는 적합하지
않다. 점점 더 많은 사람들이 숫자를 사용함에 따라 숫자를
표기하는 방법은 더 간단해졌다. 로마인들은 방대한 범위의
수를 표시하기 위해서 적은 수의 기본적인 표기들을
사용했지만, 큰 수를 이용한 계산은 여전히 몹시 복잡했다.

근대의 기수법은 기원후 1,000년의 아랍 문명에서
유래했다. 아랍 문명에서는 십진법을 기본으로 사용해〔p. 18〕
복잡한 법칙들을 훨씬 더 쉽게 쓸 수 있도록 만들었다.

자연수

자연수는 간단하게 셀 수 있는 숫자이며 1, 2, 3, 4,…… 등이 있다. 수를 세는 행위는 무역, 기술, 서류 작성처럼 사회를 이루는 복잡한 요소들과도 밀접한 관계가 있다. 이렇게 수를 셀 때는 숫자 이외에도 필요한 요소가 있는데, 바로 덧셈과 뺄셈이다.

계산이 우리 삶에 도입된 이후, 수를 이용한 연산은 수학의 필수 요소 중 하나가 되었다. 숫자는 더 이상 단순하게 수를 표현하는 기술어가 아니라, 각 수들로 서로 상호작용을 해 변환이 가능해졌다. 일단 덧셈을 할 줄 알게 되면 덧셈의 덧셈이라고 할 수 있는 곱셈도 자연히 이해할 수 있다. 예를 들자면, 6이 다섯 개 있으면 그 합은 얼마인가? 또한 나눗셈은 곱셈의 정반대라고 할 수 있다. 예를 들자면, 30개의 물체를 동일한 크기의 다섯 그룹들로 나눌 때, 한 그룹에는 몇 개의 물체가 있는지를 구하는 것이다.

하지만 문제가 있다. 31을 동일한 크기를 가진 다섯 개의 그룹들로 나누면 어떻게 될까? 1 빼기 10은 무엇인가? 이런 질문들에 답을 하려면 자연수 이상의 영역을 공부해야 한다.

1

0과 함께 숫자 1은 모든 연산에서 가장 핵심이라고 할 수 있다. 숫자 1은 하나의 물체를 수식하는 형용사이다. 숫자 1을 반복적으로 서로 더하거나 빼서 모든 정수를 만들 수 있는데, 이것이 바로 검수tallying의 기원이다. 검수란 숫자 세기의 가장 오래된 계산 방법인데, 그 유래는 선사시대로 거슬러 올라간다. 곱셈을 할 때에도 숫자 1은 특별한 기능을 한다. 어떤 수를 1과 곱하면 그 답은 항상 원래 수와 동일하다. 이런 성질로 인해 숫자 1은 '곱셈에 관한 항등원multiplicative identity'이라고 불린다.

숫자 1은 특수한 성질을 갖고 있다. 이것은 1이 독특한 방식으로 작용한다는 뜻이다. 예를 들면, 모든 정수는 숫자 1로 나눌 수 있다. 그리고 숫자 1은 0이 아닌 첫 숫자이고, 첫 홀수이다. 또한 단위를 비교하는 데 유용한 기준이 된다. 수학 및 과학의 계산에서 많은 경우 정답이 0과 1 사이에서 정규화 된다.

0

숫자 0은 아주 난해한 개념이다. 숫자 0에 대해서 오랫동안 많은 철학적 의구심이 존재했다. 따라서 사람들은 0의 존재를 인정하지 않았으며 이름조차 부여하지 않았다. 가장 초기에 사용된 숫자 0은 오로지 다른 숫자와 다른 숫자 사이에 쓰는 용도로만 사용되었다. 그리고 이때의 0은 부재를 상징했다. 예를 들면, 고대 바빌로니아에서는 다른 숫자 사이에 0을 써서 자리를 차지하는 용도로만 사용했고, 수의 마지막에는 절대로 0을 쓰지 않았다. 처음으로 숫자 0을 다른 숫자들과 동등하게 사용한 사람들은 9세기 인도의 수학자들이었다.

초기의 수학자들이 숫자 0을 받아들이지 못한 이유가 단순히 철학적인 이유 때문만은 아니었다. 0은 다른 숫자들과 전혀 다른 성격을 지니기 때문이다. 예를 들면 어떠한 숫자를 0으로 나누면 그 계산은 무의미해진다. 그리고 어떤 숫자든 0으로 곱하면 그 답은 0이 된다. 덧셈에서 숫자 0의 역할은 곱셈에서 숫자 1의 역할과 같다. 이 때문에 0을 '덧셈에 대한 항등원additive identity'이라고 한다. 왜냐하면 어떤 수를 0과 더하면 그 답은 항상 원래 수와 같기 때문이다.

무한대

무한대(수학적인 표기법은 ∞)는 끝없는 상태를 말한다.
무언가가 무한대의 상태라는 것은 경계를 지을 수 없다는
뜻이다. 수학을 공부하다 보면 언젠가는 무한대를 다루는
시기가 찾아온다. 다양한 수학적 명제들과 문제 풀이 방법들을
보면, 무한한 목록에서 요소들을 선택하기도 하고 어떤 과정이
무한 극한의 '무한대로 향하는tend to infinity' 중에 무슨 일이
생기는지를 연구하기도 한다.

숫자나 다른 물체가 무한한 집합을 무한집합(p.48)이라고
부른다. 무한집합은 수학에서 매우 중요한 분야이다.
무한집합의 수학적 표현을 보면, 무한집합에는 한 개 이상의
종류가 존재한다는 중요한 결론에 도달한다. 즉 무한대에도
다양한 종류가 있다.

사실 무한집합의 종류는 무한하게 많고 그 크기도 끝이
없다. 감이 잘 오지 않을지도 모르겠지만, 무한집합은 수학적
정의의 논리를 기반으로 한다.

기수법

기수법은 수를 표기하는 방법이다. 십진법으로 434.15라는 수를 표기할 때 각 자리는 일, 십, 백 그리고 십분의 일, 백분의 일, 천분의 일 등을 의미하며, 표기된 숫자들은 계수라고 부른다. 따라서 434.15는 이런 의미를 갖는다.

$$434.15 = (4 \times 100) + (3 \times 10) + (4 \times 1) + (1 \times \frac{1}{10}) + (5 \times \frac{5}{100})$$

숫자 10의 제곱들의 합으로 간단하게 표기한 것이다(p.28). 모든 실수(p.22)는 이렇게 쓸 수 있다.

십진법에 유난히 특이한 점은 존재하지 않는다. 같은 숫자들을 0보다 큰 n진법의 자연수로도 표기할 수 있다. 이때 사용되는 계수는 0보다 크거나 같고 $n-1$보다는 작거나 같다. 예를 들면, 십진법 $8\frac{5}{16}$는 이진법을 사용하면 1000.0101이라고 표기할 수 있다. 소수점 왼쪽의 계수는 각각 2^0, 2^1, 2^2, 2^3을 나타낸다. 소수점 오른쪽의 계수는 숫자 $\frac{1}{2}$, $\frac{1}{2^2}$, $\frac{1}{2^3}$, $\frac{1}{2^4}$ 을 나타낸다. 대부분의 컴퓨터는 두 개의 계수(0과 1)만을 사용하는 이진법을 활용한다.

십진법	이진법
0	$0_{(2)}$
1	$1_{(2)}$
2	$10_{(2)}$
3	$11_{(2)}$

- -

10	$1010_{(2)}$
11	$1011_{(2)}$
12	$1100_{(2)}$

수직선

수직선은 연산의 의미를 배우는 데 무척 유용한 개념이다. 수직선은 수평으로 그은 선인데, 0보다 크고 작은 전체 수들을 구분해서 표시한 양방향으로 뻗은 선이다. 수직선에 표시된 모든 전체 수whole numbers들을 정수integers라고 부른다.

0보다 큰 수를 더하면 그 수의 크기와 상응하는 거리를 수직선 오른쪽으로 이동한다. 그리고 0보다 큰 수를 빼면 그에 상응하는 거리를 수직선 왼쪽으로 이동한다.

따라서 1 빼기 10은 1에서 왼쪽으로 10만큼 이동하는 것, 즉 -9를 의미한다.

수직선에 표시된 정수들 사이에는 다른 수들도 존재한다.

$\frac{1}{2}$, $\frac{1}{3}$ 혹은 $\frac{1}{4}$ 등이다. 이는 정수를 0이 아닌 다른 정수로 나눈 비라고 할 수 있다. 자연수(양의 정수를 1로 나눈 비)와 더불어 이러한 수들은 유리수rational numbers라고 부른다. 이 수들은 수직선에 더욱 정교하고 미세한 눈금으로 표시된다.

하지만 유리수만으로 수직선이 완성될까? 0과 1 사이에 존재하는 거의 대부분의 수는 분수 형식으로 표기할 수 없다는 것이 밝혀졌다. 이 수들을 무리수irrational numbers라고 부른다. 무리수란 소수로 표기했을 때 소수점 아래의 숫자가 무한히 계속되고 패턴이 반복되지 않는 수를 의미한다. 유리수와 무리수를 합친 수 전체를 실수real numbers라고 부른다.

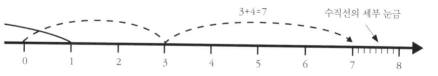

21

수의 분류

수는 갖고 있는 특성에 따라서 다양한 집합으로 분류할 수 있다. 수를 구분하는 데는 여러 가지 방법이 있다. 수가 무한한 만큼 수를 나누고 구분하는 방법도 무한하다고 할 수 있다. 예를 들면, 자연수는 우리가 실생활에서 사물을 셀 때 사용하는 수인데, 이는 정수 그룹에 포함된다. 그리고 정수 그룹에는 0과 0보다 작은 수도 포함된다. 또 다른 그룹에는 유리수가 있는데, 유리수를 이해하면 그보다 더욱 큰 그룹인 무리수를 정의할 수 있다. 대수적 수algebraic numbers와 초월수transcendental numbers는 또 다른 특성으로 정의한다〔p. 38〕. 이 모든 그룹에 속한 수들이 실수의 범주 안에 들어가고, 그와 반대되는 개념이 바로 허수imaginary numbers이다〔p. 46〕.

수가 특정 그룹에 속해 있다고 말하는 것은 그 수의 다양한 특성을 설명하는 가장 쉬운 방법이며, 따라서 그 수에 어떤 종류의 수학적 질문을 던지는 것이 유용한지를 분별하게 한다. 종종 수열을 어떻게 구성할지를 설명하는 함수가 만들어지면서 새로운 집합이 생겨나기도 한다. 또는 우리가 직관적으로 인지할 수 있는 집합을 설명하기 위해 함수나 규칙을 만들 수도 있다.

예를 들면, 우리는 짝수의 존재를 본능적으로 인지한다. 그러나 짝수가 무엇인지 명확하게 표현할 수 있을까? 수학적인 정의를 내리자면, 짝수는 자연수 n에 2를 곱한 것으로, 그 값 역시 자연수가 된다. 비슷한 사례로 홀수는 $2n+1$의 형식을 가진 자연수이다. 그리고 소수는 1보다 큰 자연수 중 1과 자기 자신만으로 나누어떨어지는 수이다.

수학에는 다른 수의 집합 역시 존재한다. 예를 들자면 피보나치수열(1, 2, 3, 5, 8, 13, 21, 34,……)에 존재하는 수들은 바로 앞의 두 수를 더한 값이다. 이런 패턴은 생물학과 수학에서도 자연스럽게 발견된다(p.86). 또한 피보나치수열은 황금비와 밀접한 관련이 있다(p.37). 다른 예로 구구단의 숫자는 0보다 큰 정수와 특정 수를 곱해서 얻는 값이다. 또 다른 예로, 제곱수는 각 자연수를 거듭제곱한 값인데, $n \times n$, n^2 혹은 n제곱이라고 표기한다.

수의 계산

두 수를 계산할 때 다양한 방법이 있다. 두 수를 더해서 그 합을 구할 수도 있고, 빼서 그 차를 구할 수도 있다. 또, 두 수의 곱한 값을 얻을 수도 있고, 분모가 0이 아니라는 가정하에 나눈 값을 구할 수도 있다. 여기서 $a-b$가 $a+(-b)$와 동일하고 $\frac{a}{b}$가 $a \times \frac{1}{b}$과 동일한 계산이라고 가정해 보자. 그렇다면 여기서 실질적으로 사용된 방법은 덧셈과 곱셈뿐이다. b를 나누는 경우에는 $\frac{1}{b}$을 곱하는 방법을 이용했다.

덧셈과 곱셈은 '교환법칙commutative'이 성립된다. 이는 곧 셈에 쓰이는 수의 순서가 중요하지 않다는 뜻이다. 하지만 훨씬 복잡한 식의 계산에서는 계산 순서가 값의 차이를 유발할 수도 있다. 이런 경우, 정답을 확실히 하기 위해서 정해진 규칙을 따른다. 그리고 여기서 가장 중요한 규칙은, 제일 먼저 진행해야 할 계산을 괄호로 표기하는 것이다. 또한 덧셈과 곱셈을 할 때에는 결합법칙associativity과 분배법칙distributivity의 일반적인 규칙을 따른다. 이 규칙은 괄호의 역할을 알려 준다(p. 25).

교환법칙

$$x + y = y + x$$

결합법칙

$$(x + y) + z = x + (y + z) = x + y + z$$

$$(xy)z = x(yz) = xyz$$

분배법칙

$$x(y + z) = xy + xz$$

$$(y + z)x = yx + zx$$

유리수

유리수는 정수를 0이 아닌 다른 정수로 나눌 수 있는 수를 뜻한다. 그러므로 모든 유리수는 분수나 몫의 형태를 갖기 때문에 하나의 수(분자)를 또 다른 수(분모)로 나눈 형태로 표기한다.

소수의 형태로 유리수를 쓸 때는 유한소수나 순환소수로 나타낸다. 유한소수는 소수점 아래의 숫자가 유한한 소수이며, 순환소수란 소수점 아래의 숫자가 일정한 규칙으로 반복되는 소수를 말한다. 예를 들자면, 0.3333333······이라는 숫자는 소수의 형태로 나타낸 유리수이다. 이때 분수의 형태로 동일한 수를 쓰면 $\frac{1}{3}$이 된다. 모든 유한소수나 순환소수는 분수로 표현할 수 있는 유리수이다.

세상에는 정수가 무한히 존재한다. 그렇기 때문에 정수를 정수로 나누는 경우 역시 무한하다. 하지만 꼭 그렇다고 유리수의 집합이 정수의 집합보다 더 크다고 할 수는 없다.

제곱, 제곱근, 거듭제곱

어떤 수 x의 제곱은 x를 두 번 곱한 값으로, x^2이라고 표기한다. 제곱square이라는 용어는 정사각형a square with equal sides의 넓이를 구할 때 각 변을 두 번 곱하는 것에서 유래했다. 0이 아닌 수의 제곱은 모두 양수이다. 음수를 두 번 곱해도 양수가 된다. 그리고 0의 제곱은 0이다. 그 반대로 생각하면, 모든 양수는 x 혹은 $-x$로 표기되는 특정 수의 제곱이다. 이 값을 제곱근이라고 한다.

더욱 포괄적으로 설명하자면, 어떤 수 x를 같은 수로 n번 곱할 경우, x의 n제곱이라고 말하며 x^n으로 나타낸다. 거듭제곱은 그 의미에 기반을 둔 지수법칙에 따라 계산하는데 다음과 같다.

$$x^n \times x^m = x^{n+m}, \quad (x^n)^m = x^{nm}, \quad x^0 = 1, \quad x^1 = x, \quad x^{-1} = \frac{1}{x}$$

또한 지수법칙 $x^n \times x^m = x^{n+m}$에서 볼 수 있듯이, 어떤 수의 제곱근은 그 수의 $\frac{1}{2}$제곱이다. 즉, $\sqrt{x} = x^{\frac{1}{2}}$이다.

소수

소수는 자기 자신과 1이 아닌 수로는 나누어떨어지지 않는 자연수이다. 소수는 2, 3, 5, 7, 11, 13, 17, 19, 23, 29, 31,……로 이어지는데 이외에도 무한한 개수의 소수가 존재한다. 관습적으로 1은 소수가 아니라고 정의한다. 2는 유일하게 짝수인 소수이다. 1도 아니며 소수도 아닌 수를 합성수composite number라고 부른다.

모든 합성수는 소수를 곱한 값으로 나타낼 수 있다. 예를 들면, $12 = 2^2 \times 3$, $21 = 3 \times 7$, $270 = 2 \times 3^3 \times 5$처럼 말이다. 소수는 그 자체로 인수분해를 할 수 없으므로, 자연수를 이루는 기본적인 구성 요소라고 할 수 있다. 하지만 어떤 수가 소수인지 정의하고, 소수가 아닌 경우에 그 수의 소인수를 찾는 과정은 아주 복잡할 수 있다. 그래서 이 과정이 암호 체계의 이상적인 기반을 제공한다.

소수에는 난해한 패턴이 여러 개 존재한다. 수학에서 가장 독보적인 가설 중 하나가 바로 소수의 패턴을 분석하는 리만 가설(p.396)이다.

1 ②　③ 4 ⑤ 6 ⑦ 8 9 10
⑪ 12 ⑬ 14 15 16 ⑰ 18 ⑲ 20
21 22 ㉓ 24 25 26 27 28 ㉙ 30
㉛ 32 33 34 35 36 ㊲ 38 39 40
㊶ 42 ㊸ 44 45 46 ㊼ 48 49 50
51 52 53 54 55 56 57 58 59 60
61 62 63 64 65 66 67 68 69 70
71 72 73 74 75 76 77 78 79 80
81 82 83 84 85 86 87 88 89 90
91 92 93 94 95 96 97 98 99 100

1부터 100까지의 숫자 중 소수를 표시했다.

약수와 나머지

어떤 수를 다른 수로 나누었을 때 나머지 없이
나누어떨어지는 수를 약수라고 부른다. 12를 4로 나누면
3으로 떨어지기 때문에 4는 12의 약수다. 이런 연산을 할 때,
나누어지는 수인 12는 나뉨수라고 부른다.

하지만 만약에 13을 4로 나눈다면 어떻게 될까? 이 경우,
4는 13의 약수가 아니다. 13을 4로 나누면 3이라는 값이
나오지만 나머지 1도 생겨나기 때문이다. 이 경우 정답을 '3,
나머지 1'이라고 쓴다. 이는 3 곱하기 4의 값인 12가 13보다
작은 수 중 4로 나눌 수 있는 가장 큰 자연수라는 사실을
뜻한다. 또한 13 = 12 + 1을 의미한다. 나머지인 1을 4로 나눌
경우 그 값은 $\frac{1}{4}$이라는 분수가 나온다. 그러므로 원래의 첫
질문인 13 나누기 4의 답은 $3\frac{1}{4}$이다.

3과 4는 모두 12의 약수이다(1, 2, 6, 12 또한 약수이다). 자연수
p를 q라는 또 다른 자연수로 나누었을 때 q가 p의 약수가
아니라면, 항상 q보다 작은 나머지가 생긴다. 여기서 나머지를
r이라고 규정하면, r은 q보다 작다. 여기서 사용하는 공식
$p = kq + r$에서 k는 자연수이며 r은 q보다 작은 자연수이다.

가령 임의의 수 p와 q가 있다면, 이 두 수의 최대공약수란

p와 q를 나눌 수 있는 가장 큰 수이다. 또한 1은 모든 수의 약수이다. 그러므로 최대공약수는 항상 1보다 크거나 같다. 만일 최대공약수가 1일 경우, 두 수 p와 q는 서로소coprime라고 한다. 서로소란 수들의 공약수가 1 외에는 없다는 뜻이다.

약수가 존재하기 때문에 '완전수perfect number'라는 또 하나의 흥미로운 수의 분류가 탄생한다. 완전수란 그 수의 약수 중 자신을 제외한 약수를 모두 더하면 자기 자신이 되는 수이다. 가장 작고 간단한 완전수는 6이다. 6 자신을 제외한 약수 1, 2, 3의 합이 6이 되기 때문이다. 6 다음으로 작은 완전수는 28이다. 28의 약수의 합 1+2+4+7+14는 28이 된다. 세 번째로 작은 수는 꽤 멀리 떨어져 있는 496이다. 496의 약수의 합 1+2+4+8+16+31+62+124+248은 496이 된다.

완전수는 극히 드물기 때문에 찾기가 매우 어렵다. 수학자들은 아직 완전수의 중요한 특성들을 다 밝혀내지 못했다. 예를 들어 완전수의 유한성이나 모든 완전수들이 짝수인가에 대한 답은 아직도 찾지 못했다.

유클리드 호제법

호제법이란 특정한 알고리즘을 따라서 문제를 풀어 나가는 방식이다. 초기의 호제법인 유클리드 호제법은 기원전 300년경에 만들어졌다. 유클리드는 두 수의 최대공약수를 찾고자 이것을 고안했다. 호제법은 컴퓨터 공학에서 무척 중요하다. 대부분의 전자 기기들은 호제법을 사용해서 유용한 결과물을 만든다.

유클리드 호제법에서 가장 간단한 방식은 다음과 같다. 두 수의 최대공약수는 두 수 중 더 작은 수와 두 수의 차의 최대공약수와 같다. 이는 두 수 중 더 큰 수를 배제할 수 있도록 한다. 그러므로 하나의 수가 남을 때까지 이 방법을 계속하면 되는데 가장 마지막에 남는 0이 아닌 수가 원래 찾으려던 최대공약수다.

이 방법은 여러 차례 반복함으로써 답을 찾는다. 이보다 효율적인 방법이 있는데, 바로 표준 알고리즘standard algorithm이다. 표준 알고리즘에서는 두 수 중 큰 수를 작은 수로 나누어서 그 나머지를 구하고, 반복해서 나머지가 남지 않을 때까지 계속한다.

585와 442의 최대공약수 구하기

간단한 유클리드 호제법: 15단계

585 - 442 = 143, 그러므로 442와 143으로 연산을 계속한다.

442 - 143 = 299, 299와 143으로 연산을 계속한다.

299 - 143 = 156, 156과 143으로 연산을 계속한다.

156 - 143 = 13, 143과 13으로 연산을 계속한다.

143 - 13 = 130, 130과 13으로 연산을 계속한다.

(이 단계에서 정답은 이미 명백해 보인다.

하지만 13을 아홉 번 더 빼면, 다음과 같은 결과가 나온다.)

13 - 13 = 0, 따라서 최대공약수는 13이다.

표준 알고리즘: 3단계

$$\frac{585}{442} = 1 \ (나머지는 \ 143)$$

$$\frac{442}{143} = 3 \ (나머지는 \ 13)$$

$$\frac{143}{13} = 11 \ (나머지 \ 없음)$$

그러므로 연산은 여기서 멈춘다.

최대공약수는 13이다.

무리수

무리수는 자연수를 다른 자연수로 나눠서 표기할 수 없는
수다. 유리수와는 다르게 두 정수의 비율이나 유한소수
혹은 순환소수로 표기할 수 없다. 무리수를 소수로 표현하면
반복되지 않는 무한소수가 된다.

자연수와 유리수처럼 무리수도 그 수가 무한하다. 하지만
유리수와 정수가 집합의 크기(cardinality, p.56)가 같다면 무리수는
그보다 집합의 크기가 크다. 사실 무리수는 특성상 무한할 뿐
아니라 불가산 수이다(p.64).

수학에서 가장 중요한 수들 중 몇몇은 무리수이다. 예를
들면, 원의 둘레와 반지름의 비율인 원주율이 무리수이다.
또한 오일러 상수 e, 황금 비율(p.37)과 2의 제곱근인 $\sqrt{2}$ 도
무리수의 예들이다.

황금비율은 두 수 중에서 작은 수 대 큰 수의 비율이 큰 수 대 두 수의 합의 비율과 같을 때를 가리킨다. 황금비율은 무리수이고 상수이며 다양한 상황에서 자연스럽게 등장한다. 황금비율은 예술 및 건축에서 많이 쓰인다.

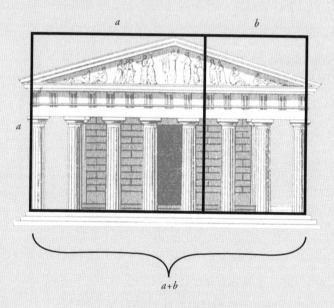

$$\frac{a}{b} = \frac{a+b}{b} = 1.618033988\cdots\cdots$$

대수적 수와 초월수

대수적 수는 미지수 x의 제곱을 포함하는 방정식의 해이며, 유리수 계수를 갖는 다항식(p.184)의 해가 될 수 있다. 하지만 초월수는 해가 될 수 없다. 방정식에서 계수는 미지수에 곱하는 수이다. 예를 들면, $\sqrt{2}$ 는 무리수이다. 두 개의 자연수의 비율로 표기할 수 없기 때문이다. 동시에 $\sqrt{2}$ 는 대수적 수이기도 하다. 유리수 계수를 가진 방정식인 $x^2 - 2 = 0$의 해가 되기 때문이다(이때 유리수 계수는 1과 2). $\frac{q}{p}$ 가 $qx - p = 0$의 해가 되기 때문에 모든 유리수는 대수적 수가 된다.

초월수가 흔치 않을 거라 생각할 수 있지만, 사실 그렇지 않다. $\sqrt{2}$ 는 예외적인 경우이며, 대부분의 무리수는 초월수이다. 이 사실을 증명하기는 매우 어렵지만, 0과 1 사이에서 무작위로 선택한 수는 초월수일 가능성이 매우 높다. 이것은 왜 수학자들이 수에서 거의 대부분을 차지하는 초월수를 무시하고 대수 방정식을 푸는 데 그토록 많은 시간을 들이는지 의문을 갖게 한다.

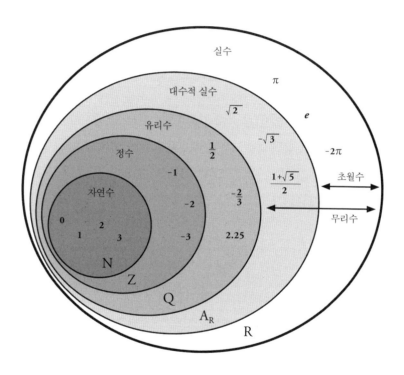

실수의 분류

원주율

원주율은 초월수인데 수학에 등장하는 근본적인 상수 중 하나이다. 그리스어 π로 표기하는 원주율은 예기치 못한 다양한 상황에서 만날 수 있다. 몇몇 수학자들과 컴퓨터 공학자들은 많은 시간과 노력을 들여서 더욱 정확한 원주율을 계산하고자 했다. 그만큼 원주율이 중요하다는 뜻이다. 2010년에 컴퓨터 과학자들은 원주율을 역사상 가장 정확하게 구한 적이 있다. 컴퓨터로 계산이 진행되었는데 결과적으로 소수의 자릿수가 5조를 넘었다고 한다.

실용적인 목적을 위해서도, 정확한 원주율을 구하는 것은 중요하다. 원주율 π는 유리수인 $\frac{22}{7}$이나 $\frac{355}{113}$로 간추려서 나타내기도 한다. 또한 소수인 3.14159265358979323846264338로도 나타낼 수 있다. 이 수는 기하학을 통해서 이집트와 메소포타미아에서 기원전 1900년경에 발견되었다고 전해진다. 원주율은 원의 둘레와 지름의 비율로 알려졌다. 아르키메데스는 기하학을 사용해 원주율의 상한선과 하한선을 찾아내려 했다(p. 92). 원주율은 확률과 상대성이론처럼 관련이 없다고 느껴지는 여러 분야에까지 사용된다.

3.1415926535897932384626433832795028841971693993751058209749445923078164062862089986280348253421170679821480865132823066470938446095505822317253594081284811174502841027019385211055596446229489549303819644288109756659334461284756482337867831652712019091456485669234603486104543266482133936072602491412737245870066063155881748815209209628292540917153643678925903600113305305488204665213841469519415116094330572703657595919530921861173819326117931051185480744623799627495673518857527248912279381830119491298336733624406566430860213949463952247371907021798609437027705392171762931767523846748184676694051320005681271452635608277857713427577896091736371787214684409012249534301465495853710507922796892589235420199561121290219608640344181598136297747713099605187072113499999983729780499510597317328160963185950244595 5 ......

자연 상수

　자연 상수 e는 초월수로, 수학에 등장하는 근본적인 상수 중 하나이다. 오일러 상수Euler's constant라고도 알려진 이 수는 대략 2.71828182845904523536028747로 표기할 수 있다. 자연 상수 e는 수학적 분석에 가장 많이 사용된다. 공학자들과 물리학자들이 10의 제곱수나 밑이 10인 로그(p.44)를 즐겨 사용한다면 수학자들은 거의 항상 e의 제곱수와 밑이 e인 로그를 사용한다. 이것이 바로 자연로그natural logarithm이다.

　원주율처럼 e도 다양한 방식으로 정의를 내릴 수 있다. e는 지수함수exponential function인 e^x의 도함수(derivative, p.208)가 그 자신인 유일한 실수다. 또한 e는 확률에서 사용하는 자연적인 비율로, 무한급수를 통해 다양하게 나타낼 수 있다.

　원주율을 사용해 표기하는 삼각함수(p.200)가 지수함수로 정의될 수 있기 때문에, e는 원주율과 밀접한 관련이 있다.

다양한 a의 값에 따라서 x의 값을 a^x에 대한 그래프로 나타낸 것이다. 밑이 e일때만 $x=0$에서 접선의 기울기가 1이다.

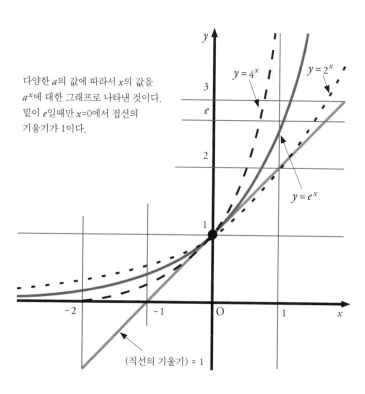

$y = 4^x$

$y = 2^x$

$y = e^x$

(직선의 기울기) = 1

로그

로그는 수의 크기의 단위를 나타내는 데 유용하게 쓰인다. 어떤 수의 로그는 그 수를 정해진 수인 밑의 거듭제곱 형식으로 나타내었을 때 거듭제곱의 값을 뜻한다. 즉 주어진 수 b를 10^a으로 나타낼 수 있다면, a는 10을 밑으로 하는 b의 로그라고 할 수 있다. 곧 $\log b$인 것이다. 어떤 수의 서로 다른 제곱들을 곱한 값은, 그 지수들을 더한 값을 통해 구할 수 있다. 따라서 로그를 이용해 지수가 있는 수들의 곱셈을 쉽게 풀 수 있다.

그러므로 $a^n = x$ 이고 $a^m = y$ 라고 하자. $a^n a^m = a^{n+m}$은 로그를 이용해서 $\log(xy) = \log(x) + \log(y)$로 나타낼 수 있다. 동시에 $(a^n)^w = a^{nw}$는 $\log(x^w) = w\log(x)$로 나타낼 수 있다.

이 규칙들은 전자계산기가 발명되기 이전, 로그표logarithm table나 계산자slide rule를 이용해 어려운 연산을 간단하게 만들기 위해 사용되곤 했다. 로그 단위를 표기한 자 두 개를 서로 나란히 놓고 맞추면, 단위자 눈금들의 합은 곱셈을 뜻하게 된다.

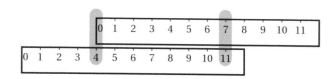

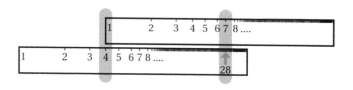

비례하는 계산자와 로그 계산자를 나타낸 것이다.
비례하는 계산자를 사용하면 맞추어지는 숫자를 더할 수 있다.
이 경우에는 4와 7로, 그 합을 보여 준다.
로그 계산자는 맞추어지는 숫자를 곱하는 데 사용된다.
동일한 방식으로 그 곱한 값이 나온다.

허수

  −1의 제곱근을 표기할 때 쓰이는 '숫자'는 i이다. 그
이외의 방법으로 표기할 수 없고, 수를 셀 때 i는 사실 숫자로
받아들여지지 않는다. i는 허수로 알려져 있다.

  $x^2 + 1 = 0$과 같은 방정식을 풀이할 때 허수의 개념이
유용하게 쓰인다. 이 방정식은 $x^2 = -1$로 나타낼 수 있다.
양의 실수나 음의 실수의 제곱을 구하면 항상 양수인 값으로
나오므로 실수가 아닌 답은 없다. 그런데 여기에 수학의
아름다움과 유용함을 보여 주는 고전적인 사례가 하나 있다.
방정식의 해가 i라고 정의하면, 완벽하게 일관적인 실수의
확장을 이룰 수 있다. 양수의 제곱근이 양수도 음수도 될
수 있듯이, $-i$는 −1의 제곱근이기도 하다. 그러므로 방정식
$x^2 + 1 = 0$은 두 개의 값을 가진다.

  새로운 개념인 허수가 등장함으로써 실수와 허수가
공존하는 복소수의 세계가 탄생했다(pp. 288~311).

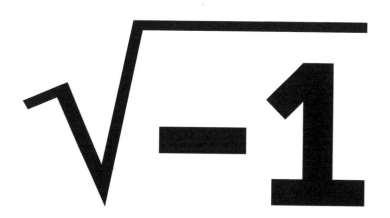

집합 개론

　단순히 말해서 집합은 물체를 여럿 모아 놓은 것이다.
여기서 각 물체를 원소라고 칭한다. 집합의 개념은 강력하고,
집합은 여러 방면으로 수학을 구성하는 가장 기본적인
요소이다. 심지어 숫자보다도 더 기본적인 요소이다.

　집합에는 무한하거나 유한한 수의 원소가 존재한다. 그리고
보통 { } 모양의 괄호 안에 표기를 한다. 원소를 쓰는 순서는
집합을 정의할 때 크게 중요하지 않다. 원소가 중복되더라도
상관이 없다. 또한 집합은 다른 집합으로부터 구성되기도
하지만, 정의할 때 매우 주의해야 한다.

　집합이 아주 유용한 이유 중 하나는 집합을 사용하면
일반성을 유지할 수 있기 때문이다. 그렇게 되면 연구 대상에
여러가지 추가적인 구조를 넣을 필요가 없다. 숫자에서부터
인물이든 행성이든 모두 집합의 원소가 될 수 있으며 세
가지의 혼합이 하나의 집합의 원소가 되는 것도 가능하다.
그러나 실제 사례들을 보면, 한 집합에 속한 원소들은 보통
서로 관련이 있다.

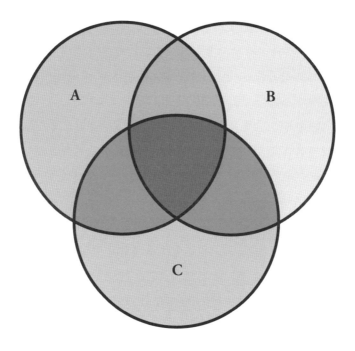

집합의 연산

집합이 두 개 있으면 연산을 통해서 새로운 집합을 만들 수 있다. 이 중 몇 가지 방법은 간편하게 표기할 수 있다.

두 집합 X와 Y의 교집합intersection은 $X \cap Y$로 표기하며, 이 집합은 X와 Y에 동시에 속하는 원소들이 모인 집합이다. 그리고 합집합union은 $X \cup Y$로 표기하는데, X에 속하거나 Y에 속한 원소들이 모인 집합이다.

아무 원소도 없는 집합인 공집합은 { } 혹은 $\emptyset$ 으로 표기한다. 집합 X의 부분집합subset에 속한 원소들은 모두 X에도 속한다. 이 부분집합은 X의 모든 원소를 포함할 수도 있고, 일부만 포함할 수도 있다. 그리고 공집합은 모든 집합의 부분집합이 된다.

Y의 여집합complement은 집합 Y에 포함되지 않는 원소들의 집합으로 Y^c로 표기한다. 만약 Y가 X의 부분집합이라면, Y의 차집합relative complement은 Y의 일부가 아니며 X에 포함되는 것으로, $X-Y$로 표기한다.

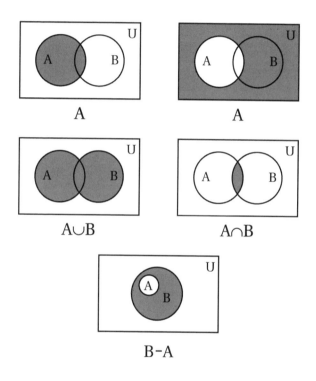

간단한 벤다이어그램〔p.52〕으로 표현한 기본적인 집합의 연산

벤다이어그램

벤다이어그램은 간단한 시각적 다이어그램으로 집합들 사이의 관계를 나타낼 때 널리 사용된다. 가장 간단한 형식의 벤다이어그램은 원으로 각 집합을 나타낸다. 그리고 여기서 원들이 겹치는 부분은 교집합을 뜻한다.

수백 년 동안 사람들은 철학 문제나 집합의 관계를 표현하기 위해서 다이어그램을 사용했다. 영국의 논리학자이자 철학자인 존 벤John Venn이 1880년에 다이어그램을 정형화한 것이 벤다이어그램이다. 존 벤은 이것을 오일러 원Eulerian circles이라고 불렀는데, 스위스의 수학자인 오일러Leonhard Euler가 18세기에 개발한 비슷한 다이어그램을 심중에 두고 붙인 이름이다.

여기 세 개의 집합이 있다고 가정하자. 고전적인 방법으로 집합 사이에 존재할 수 있는 모든 종류의 관계를 나타낼 수 있다(p.49). 하지만 세 개 이상의 집합이 있다면, 그 사이에 존재하는 교집합을 정리하는 과정은 훨씬 더 복잡해진다.

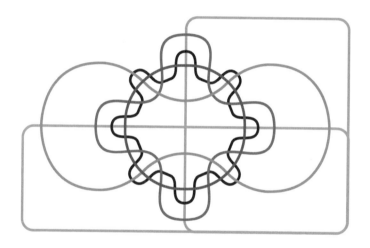

벤다이어그램으로 여섯 개 집합을 표현했다.

이발사의 역설

역설이란 겉보기에는 진실인 것 같지만 스스로를 반박하거나 논리를 반박하는 상황이 생겨나는 이야기를 말한다. 1901년에 영국의 수학자인 러셀Bertrand Russell은 이발사의 역설을 통해서 기초 집합 이론의 허점을 지적했다.

한 마을의 모든 남성은 스스로 수염을 손질하거나 이발사에게 서비스를 받는다. 그 마을 주민인 이발사는 마을에서 스스로 수염을 손질하지 않는 남성은 모두 이발사에게 손질을 받는다고 말한다. 그럼 이발사의 수염은 누가 손질하는가?

집합 용어를 사용해서 말하자면 이발사의 역설은 스스로를 원소로 포함하고 있지 않는 부분집합을 포함한 집합을 말한다. 이 경우 집합은 스스로의 원소라고 할 수 있을까? 이 역설에 대한 답은 집합 이론에 규칙이나 공리를 추가해 제한을 두는 것이다. 그렇게 집합의 상하 구조를 구성해 한 집합이 오직 그 구조의 상위 집합의 원소가 될 수 있게 만든다. 가장 훌륭한 해답이라고 볼 수는 없지만, 공리적 집합론은 널리 받아들여지게 되었다.

만일 이발사가 자신의 수염을 스스로
손질한다면, 그가 주장한 바는 참이 아니다.
그는 스스로 수염을 손질하지 않는
사람들의 수염만 손질해 준다고
했으니 말이다. 만일 이발사가
스스로 수염을 손질하지 않는다면,
그는 스스로 수염을 손질한다고
주장한 것이 된다.
어떤 상황에도
반박이 가능하다.

기수와 가산

    유한집합 A의 기수(집합의 크기)는 집합에 포함되는 구별된 원소의 개수로, $|A|$라고 표기한다. 무한집합이든 유한집합이든 두 집합의 원소가 각각 일대일로 대응한다면 같은 기수를 가졌다고 표현한다. 한 집합의 원소가 다른 집합에 속하는 원소와 각각 짝지을 수 있다는 뜻이다.

    가산집합은 원소를 자연수로 표기할 수 있는 집합이다. 쉽게 말해서 이는 집합의 원소를 목록화할 수 있다는 뜻이다. 비록 그 목록이 무한할지라도 말이다. 수학적으로는 집합이 자연수로 이루어진 부분집합과 일대일로 대응할 수 있다는 의미이다.

    이렇게 생각하면 놀라운 결과가 생긴다. 예를 들면, 가산집합의 진부분집합은 집합 자체와 동일한 기수를 가질 수 있으므로 모든 짝수의 집합과 제곱수의 집합은 같은 기수를 갖는다. 그리고 자연수의 집합도 같은 기수를 가진다. 위 모든 집합은 가산 무한의 성질을 지닌다.

힐베르트의 호텔

힐베르트의 호텔이란 수학자 다비트 힐베르트David Hilbert가 발명한 비유로, 가산 무한countably infinite이라는 신기한 발상을 시각적으로 보여 준다. 가상의 호텔이 존재하는데, 셀 수 있는 무한한 수의 객실이 있다고 가정한다. 각 객실에는 1, 2, 3,……의 번호가 붙어 있는데 손님이 늦게 도착했을 때 객실은 전부 찬 상태이다.

여기서 안내원은 고민 끝에 모든 손님들을 다음 객실로 이동시킨다. 1번 객실의 투숙객은 2번 객실로, 2번 객실의 투숙객은 3번 객실로 이동하는 것이다. 수를 세는 것이 가능한 무한집합의 성질 때문에 항상 N번 객실의 투숙객은 $(N+1)$번 객실로 이동할 수 있다. 그러므로 모든 투숙객이 다음 객실로 이동하고 나면, 1번 객실은 새로운 손님을 받을 수 있다.

힐베르트의 호텔 이야기는 가산 무한집합에 새로운 원소를 더해도 여전히 가산 무한집합으로 남는다는 사실을 알려 준다. 이처럼 가산 무한에는 다양한 종류가 있다.

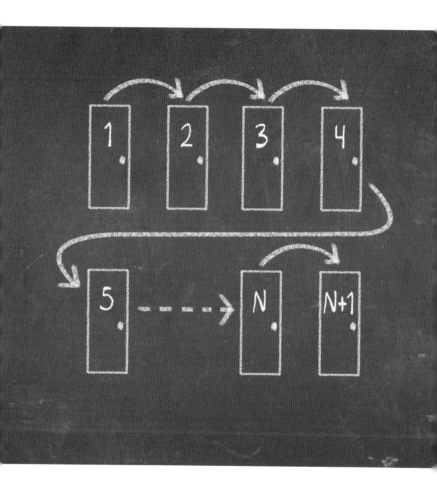

유리수의 연산

모든 무한집합이 가산집합은 아니지만 몇몇 거대한
집합들은 가산집합이며, 두 개의 정수 비율이 $\frac{a}{b}$ 로 만들어진
유리수도 여기에 포함된다. 이 사실은 0과 1 사이의 유리수를
살펴봄으로써 증명할 수 있다.

0과 1 사이의 유리수들을 셀 수 있다면, 그 유리수들을
순서대로 나열해 완전하고 무한한 목록을 만들 수 있다.
하지만 목록을 만들 때 크기 순으로 수를 나열할 수는 없다.
왜냐하면 두 유리수 사이에는 항상 다른 유리수가 존재하기
때문이다. 그렇기 때문에 목록을 만들기 위한 첫 번째와 두
번째 원소조차 정의할 수 없다. 그래서 다른 방법을 사용해서
목록을 작성해야만 한다.

한 가지 방법은 각 수들을 분모 b 에 따라서 나열하는
것이다. 그 후에는 분자 a 에 따라서 나열한다〔p.61〕. 이 방법은
다소 반복적이지만 0과 1 사이에 존재하는 유리수가 생략되지
않고 최소한 한 번 이상 목록에 포함된다.

$$\frac{1}{2}$$

$$\frac{1}{3}, \frac{2}{3}$$

$$\frac{1}{4}, \frac{2}{4}, \frac{3}{4}$$

$$\frac{1}{5}, \frac{2}{5}, \frac{3}{5}, \frac{4}{5}$$

$$\frac{1}{6}, \frac{2}{6}, \frac{3}{6}, \frac{4}{6}, \frac{5}{6}$$

$$\frac{1}{n}, \frac{2}{n}, \frac{3}{n}, \frac{4}{n}, \ldots\ldots \frac{n-2}{n}, \frac{n-1}{n}$$

조밀집합

밀도는 집합의 원소들 사이에 거리가 존재할 경우 집합과 부분집합 사이의 관계를 나타내는 성질이다. 다른 무한집합들의 상대적인 크기 차이는 밀도를 이용해서 알 수 있다. 이 방법은 원소를 세는 것과는 다르다. 예를 들면, 유리수가 아주 큰 집합이라는 발상을 수학적으로 이해하려면 유리수가 특정 부분집합 내에서 조밀집합이라는 사실을 기억해야 한다. 이 경우, 부분집합은 실수의 집합으로, 이 또한 아주 큰 집합이다.

집합 X가 다른 집합 Y에 대한 조밀집합이라고 하려면 다음 조건을 만족해야 한다. X가 Y의 부분집합이고 X의 모든 점이 Y의 원소이거나 그 원소에 임의적으로 가깝다면, Y 안의 모든 점에서 0보다 큰 거리인 어떠한 d를 선택해도 X에서 d의 거리 이내에 있는 점을 찾을 수 있다.

예를 들면, 유리수의 집합은 실수의 집합에서 조밀집합이라고 증명할 수 있다. 거리 d와 실수 y를 선택하고, 항상 y에서 반경 d 이내에 존재하는 유리수 x가 있다는 사실을 증명하는 것이다. y의 소수점 아래 숫자의 길이를 조절하여 유리수 x를 정하면 증명할 수 있다.

$$\frac{1}{4} \quad \frac{1}{3} \quad \frac{2}{5} \quad \frac{5}{11} \quad \frac{1}{2} \quad \frac{6}{11} \quad \frac{3}{5} \quad \frac{2}{3}$$

비가산집합

비가산집합이란 원소를 셀 수 있는 순서로 정리하는
것이 불가능한 무한집합이다. 이런 집합이 존재하기
때문에 무한집합은 가산집합과 비가산집합으로 나뉜다.
비가산집합에도 무한히 많은 종류가 있는 것으로 밝혀졌다.

가산집합을 어떻게 구별할까? 1891년에 독일의 수학자인
게오르크 칸토어Georg Cantor는 귀류법proof by contradiction을
사용해서 0과 1 사이의 실수의 집합이 비가산집합임을
증명했다. 게오르크 칸토어는 만일 이 집합이 가산집합이라면
원소의 목록이 무한하고 셀 수 있을 것이라며 이 목록을
다음과 같이 나타냈다.

$$0.a_1 a_2 a_3 a_4 \cdots\cdots$$

여기서 각 자리인 a_k는 0과 9 사이의 자연수이다.

게오르크 칸토어는 이를 반박한 것이다. 그는 0과 1 사이의
실수가 이것 외에도 존재한다고 주장했다. 위 목록의 k번째
실수가 다음과 같은 소수 전개를 가진다고 생각해 보라.

$$0.a_{k1} a_{k2} a_{k3} a_{k4} \cdots\cdots$$

이 경우 목록 첫 번째 숫자인 $k=1$을 사용해서 목록에
없는 수를 만들어 낼 수 있다. 새로운 수의 소수 전개의 첫
숫자는 $a_{11}=6$일 경우에 7로 정한다. 그렇지 않은 경우는
6이다. 그리고 두 번째 자리의 숫자를 정할 때도 같은 규칙을
적용한다. 하지만 이 경우에는 목록의 두 번째 숫자의 두 번째
자리를 이용한다. 세 번째 자리는 세 번째 숫자에서 가져오고,
이후로도 반복을 다음과 같이 계속한다.

$$0.a_{11}\,a_{12}\,a_{13}\,a_{14}\cdots\cdots$$

$$0.a_{21}\,a_{22}\,a_{23}\,a_{24}\cdots\cdots$$

$$0.a_{31}\,a_{32}\,a_{33}\,a_{34}\cdots\cdots$$

이렇듯 무한한 과정을 반복할수록 소수 전개가 6 또는 7만
남는 숫자가 된다. 그리고 n번째 소수 자리에서 n번째 숫자와
달라진다. 그러므로 원래 목록은 완전하지 않고, 이 집합은
비가산집합이다. 이 증명을 우리는 칸토어의 대각선논법Cantor's
diagonal argument이라고 부른다.

칸토어 집합

칸토어 집합에서 프랙털fractal이라는 개념이 처음
등장한다. 게오르크 칸토어〔p.64〕가 처음으로 고안한 것으로,
대각선논법과 같다. 칸토어 집합은 실수선의 특정 구간에는
비가산집합이 존재한다고 말한다. 하지만 모든 비가산집합이
그 구간을 포함할까? 게오르크 칸토어는 수선을 포함하지
않는 비가산집합을 구성할 수 있다는 사실을 밝혀냈다.
칸토어 집합은 무한한 복잡성을 갖는다. 다른 말로 하면,
칸토어 집합은 굉장히 미세한 구조를 가졌다.

예를 들면, 칸토어 삼등분 중간 집합 제외법middle third
Cantor set이 존재한다. 한 구간에서 시작해 각 단계마다 남아
있는 삼등분 중간을 모든 구간에서 빼는 것이다. n번째
단계에서는 2^n개의 구간이 남으며, 각 길이가 $\frac{1}{3^n}$이고,
전체 길이는 $\left(\frac{2}{3}\right)^n$이다. n이 점점 무한대로 가면서 그 속에
포함되는 점도 무한대에 가까워진다. 이때 집합의 길이는
0에 가깝게 줄어든다. 조금 더 깊이 들어가면 이 과정의
무한한 한계에 가서 남는 것이 있다는 사실을 보여 줄 수
있다. 따라서 이 집합이 비가산집합이라는 사실을 증명할 수
있다.

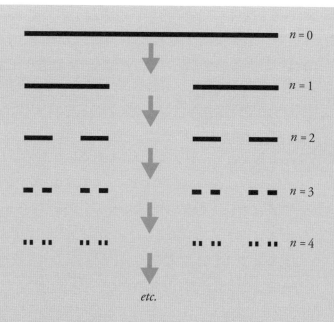

칸토어 집합을 만드는 방법

0과 1을 포함한 0과 1 사이의 실수의 닫힌 단위 구간에서 시작한다. 여기서 삼등분의 중간을 빼면, 길이 $\frac{1}{3}$인 닫힌 두 개의 구간이 남는다. 이때 두 개의 구간은 양끝 극점을 포함한다. 이제 다시 한 번 남은 두 구간의 삼등분 중간들을 제거한다. 네 개의 닫힌구간이 남는다. 각 길이는 $\frac{1}{9}\left(\frac{1}{3^2}\right)$이다. 무한대까지 같은 과정을 반복한다.

힐베르트 난제

다비트 힐베르트가 나열한 23개의 수학 연구 문제를 힐베르트 난제라고 칭한다. 다비트 힐베르트는 이 목록을 1900년 파리에서 개최된 국제수학의회International Congress of Mathematics에서 발표했다. 그는 힐베르트 난제가 20세기 수학의 발전에 중요한 역할을 할 것이라고 믿었다.

공리계axiomatic system는 알렉산드리아의 유클리드(p.108)가 처음 사용한 이래 1800년대를 거치며 많은 새로운 분야에 적용되었다. 수학자들은 연구하는 분야에서 공리를 정의하는 방법을 찾아냈는데, 예를 들어 기하학에서는 점, 선, 곡선, 그 성질들이 여기 포함된다. 또한 수학자들은 논리를 사용한 공리를 통해 주제를 발전시켰다.

힐베르트의 난제 가운데 많은 문제들이 공리적 방법의 확장과 관련이 있다. 그리고 그 해답은 수학의 발전에 큰 보탬이 되었다. 비록 쿠르트 괴델(p.70)의 연구로 공리적 이론을 받아들이는 시각이 무척 달라졌지만 말이다. 또한 힐베르트의 난제 덕분에 수학계에서 어려운 문제의 목록을 만드는 전통이 지속되고 있다.

'역사는 과학 발전의 연속성을 보여 준다.
모든 세대는 각자의 문제를 가지고 있다는 사실을
우리는 알고 있다. 다음 세대가 문제를 풀거나,
이득이 될 것이 없다고 여겨 폐기하고
다른 문제가 그 자리를 대체하는 것이다.'

— 다비트 힐베르트

괴델의 불완전성정리

괴델의 불완전성정리는 두 가지의 놀라운 결론을 제시한다.
이는 수학자들이 공리적 수학을 바라보는 관점을 바꾸었다.
독일의 수학자인 쿠르트 괴델Kurt Gödel이 1920년대 말부터
1930년대 초반에 고안해 낸 괴델의 불완전성원리는 공리적
이론으로 명제를 만드는 과정과 논리의 규칙으로 어떻게
명제가 변화하는지 보여 주는 과정에서 파생되었다.

공리적 방법을 이용해서 수학의 다양한 분야를 표현하는
시도는 성공했다. 하지만 몇몇 이론들은 무한한 공리를
요구하고, 그 때문에 수학자들은 난처해졌다. 수학자들은
주어진 공리 목록의 완전성과 일관성을 증명할 하나의 방법을
찾아야 했다.

공리의 목록이 어떠한 명제를 증명하거나 반박할 수 있을 때
이 목록이 완전하다고 말한다. 그리고 어떠한 명제도 증명과
반박을 동시에 할 수 없을 때 일관성이 있다고 말한다.

괴델의 불완전성정리 첫 번째는 다음과 같다.

모든 (적절한) 공리적 이론에서, 이론적으로는 말이 되지만
참인지 거짓인지 증명할 수 없는 명제가 존재한다.

이 말은 이론의 공리들이 결코 그 이론을 완전히 나타낼 수 없다는 뜻이다. 그리고 공리의 수를 늘리는 것이 항상 가능하다는 뜻이다.

괴델의 불완전성정리의 두 번째는 더욱 어렵다. 두 번째는 공리의 목록의 내부적 일관성을 다음과 같이 표현한다.

하나의 (적절한) 공리 목록이 일관적이지 않음을 증명하는 것은 가능하다. 하지만 공리의 목록이 일관적임을 증명하는 것은 불가능하다.

다른 말로 하자면, 공리의 목록이 모순을 숨기고 있는지는 확실히 알 수 없다는 것이다.

괴델의 정리는 수학에 엄청난 영향을 끼쳤다. 하지만 일반적으로 학계의 수학자들은 괴델의 불완전성정리에 영향받지 않고 연구에 임한다.

선택공리

선택공리는 근본적인 규칙으로, 우리는 선택공리를
공리 목록에 추가해서 수학적 사고를 정의한다. 칸토어의
대각선논법(p.64)에도 선택공리가 사용되었다. 또 무한 목록이
추상적 존재를 가지고 있다고 추측하거나, 무한히 선택할 수
있는 수학적 증명들에서도 사용된다.

이 수학적 증명은 엄밀히 말하자면, 공집합이 아닌 무한개의
집합이 존재하고 하나 이상의 원소를 포함할 때, 각 집합에서
정확히 하나의 원소씩만 선택하는 무한수열을 선택할 수
있다고 주장한다. 여기서 무한대의 개념이 애매하게 쓰이기
때문에 누군가는 선택공리가 말도 안 된다고 말할 것이다.
그러나 선택공리는 무한대의 개념을 이렇게 사용하는 과정을
허용한다.

우리는 다른 공리를 선택할 수 있다. 그러므로 선택공리를
수학적 정리로 제시할 수 있다. 하지만 어떤 것을 사용하든,
일반적인 논리 법칙 목록에 추가해야만 논증할 수 있다.

확률론

확률론은 특정 결과물이 나올 가능성을 구하고 예측하는 수학의 한 분야이다. 집합 이론을 응용한 것이며 새로운 이론이기도 하다.

확률을 연구하는 한 가지 방법은 다음과 같다. 가능성을 갖는 결과의 목록을 집합의 원소처럼 대하는 것이다. 예를 들면, 앞면과 뒷면이 나올 가능성이 동일한 동전을 세 번 던졌다고 가정해 보자. 나올 수 있는 결과를 세 자리의 알파벳으로 나열할 수 있다. 한 자리당 한 번 동전을 던진 셈이고, H는 앞면을, T는 뒷면을 나타낸다. 당연히 이때 집합에는 다음과 같은 여덟 개의 원소들이 존재한다.

{TTT, TTH, THT, THH, HTT, HTH, HHT, HHH}

이 중 하나는 반드시 일어나는 일이기 때문에 확률을 모두 합하면 1이 된다. 그리고 동전이 공평한 결과를 낸다면 각각 동일한 확률을 갖는다. 여기서 각각 일어날 확률은 $\frac{1}{8}$이다.

모든 가능한 결과인 위 집합의 부분집합들을 특정 결과로 정의하면, 확률에 대한 더 복잡한 질문들에 답할 수 있다.

예를 들면, 두 번 앞면이 나오는 결과의 집합에는 세 개의 원소가 존재한다는 사실을 바로 알 수 있다. 그러므로 확률은 $\frac{3}{8}$이다.

하지만 딱 한 번 앞면이 나오고 적어도 한 번 이상 뒷면이 나오는 확률은 얼마일까? 적어도 한 번 이상 뒷면이 나온다면, 다음과 같은 집합을 구성할 수 있다.

{ TTT, TTH, THT, THH, HTT, HTH, HHT }

일곱 개 원소 중 앞면이 단 한 번만 나온 경우는 두 개이므로 확률은 $\frac{2}{7}$이다.

위와 비슷하고 더욱 일반적인 주장들을 통해 수학자들은 확률론에 대한 공리 목록을 만들었다. 이 공리 목록은 집합의 확률과 집합에 대해서 정의된 연산 목록이다.

멱집합

주어진 집합 S의 멱집합은 S의 모든 부분집합의 집합이다. 여기에 집합 S 자체와 공집합 역시 포함된다. 그러므로 만일 {0, 1}이라면, 이 집합의 멱집합은 $P(S)$라고 표기하며 {$\emptyset$, {0}, {1}, {0, 1}}이다.

독일의 수학자 게오르크 칸토어는 멱집합을 이용해서 다양하고 더 큰 무한대가 무한하게 존재한다는 사실을 밝혀냈다. 게오르크 칸토어는 이 사실을 밝혀낸 다음에야 이발사의 역설(p.54)을 주장했지만, 사실 이 주장과 이발사의 역설은 어느 정도 비슷한 이야기이다.

칸토어의 대각선논법(p.65)은 최소한 이미 두 가지 이상의 무한집합이 존재한다는 사실을 보여 주었다. 이것이 가산집합과 비가산집합이다. 가산집합은 목록을 만들 수 있는 집합이며, 비가산집합은 실수의 집합 같은 연속체continuum 이다. 게오르크 칸토어는 여기서 집합 S가 무한집합이라면 S의 멱집합은 항상 S보다 크다고 주장한다. S의 원소를 $P(S)$의 원소와 겹치지 않고 짝을 짓도록 연결할 수 없기 때문이다. 다른 말로 하자면, $P(S)$의 기수는 항상 S의 기수보다 크다.

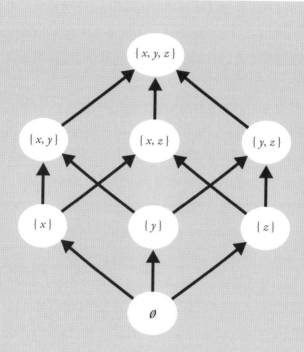

이 다이어그램은 집합 {x, y, z}의 멱집합에 대한 부분집합의 상하구조를 보여 준다.
화살표는 P{x, y, z}의 부분집합이 다른 부분집합의 부분집합이 되는 경우다.

수열개론

수열은 수를 정리한 목록이다. 집합〔p.48〕처럼 수열은 무한할 수도 있고 유한할 수도 있다. 하지만 집합과는 달리 수열은 일정한 규칙을 가진 항들로 이루어져 있다. 그리고 하나의 수열에서 동일한 항이 여러 번 등장할 수 있다.

우리에게 가장 친숙한 수열은 바로 자연수이다. 예를 들자면 1, 2, 3,……의 수열이다. 이 수열의 항들은 일정하게 분배되어 있고 무한대에 가까워진다. 이보다 특이한 수열은 피보나치수열인데, 항 사이의 차이가 점차 벌어진다. 이 두 가지의 수열은 모두 발산 수열이다. 그것과 다른 종류로는 수렴 수열이 있다. 수렴 수열이란 무한한 항을 나열한 수열인데, 극한으로 갈수록 특정 수로 수렴한다.

방사선 붕괴를 표시할 때 수열의 항을 사용한다. 반감기half-life는 방사선 동위원소의 수가 반으로 줄어드는 정해진 기간이다. 이 기간은 수열이 진행될수록 점차 0에 가까워진다. 이렇게 수렴하는 수열은 다음 페이지에 보이는 지수 감수 곡선으로 나타낼 수 있다.

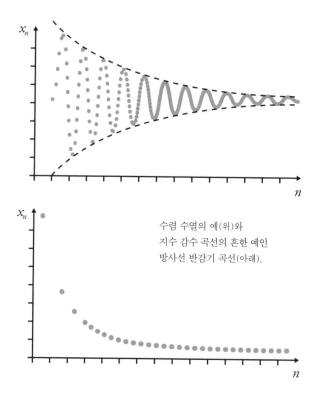

수렴 수열의 예(위)와
지수 감수 곡선의 흔한 예인
방사선 반감기 곡선(아래).

급수개론

급수는 수열에서 항의 합을 칭하는 표현이다. 급수는 보통 그리스 문자 Σ (시그마)로 나타내는데, 무한한 항의 합이 될 수도 있고, 유한한 항의 합이 될 수도 있다. 이 경우에 범위의 양 끝을 Σ의 위와 아래에 표기한다.

a_n라는 수열이 있다고 가정하자. 급수는 다음과 같은 무한급수이다.

$$\sum_{i=0}^{\infty} a_i = a_0 + a_1 + a_2 + a_3 + \cdots\cdots$$

대부분, 합은 무한대에 가까워지거나 특정 값으로 나타나지 않는다. 하지만 합이 하나의 값이 되는 급수도 존재한다. 이것이 극한이다. 급수에 의미가 있는 극한이 존재하는지 알기 위해서 유한한 부분 합을 S_n이라고 부른다. 이것은 첫 $(n+1)$항인 $a_0 + a_1 + a_2 + a_3 + \cdots\cdots + a_n$의 합이다. 이런 급수는 각 n의 합의 동반 수열이 L로 향하는 경우에 L이라는 극한으로 수렴한다.

$$S1 = 1$$

$$S2 = 1 + \frac{1}{2} \qquad\qquad 2 - \frac{1}{2}$$

$$S3 = 1 + \frac{1}{2} + \frac{1}{4} \qquad\qquad 2 - \frac{1}{4}$$

$$S4 = 1 + \frac{1}{2} + \frac{1}{4} + \frac{1}{8} \qquad\qquad 2 - \frac{1}{8}$$

- -

$$Sn = 1 + \frac{1}{2} + \cdots + \frac{1}{2^n} \qquad\qquad 2 - \frac{1}{2^{n-1}}$$

극한

무한한 수열이나 급수가 극한을 갖는다면, 수열 목록이나 합의 항의 숫자가 무한에 가까워질 때 하나의 값이 존재한다는 것이다. 극한을 구하는 과정에서 우리는 무한 과정을 배운다. 이때 근사법의 급수를 구하고 정답의 수열이 하나의 값으로 수렴하는지를 구한다.

극한을 구하는 것은 무한한 과정을 다루는 중요한 방법이다. 그리고 이것은 수학에서 없어서는 안 될 근본적인 요소다.

그리스 인들은 이 방법으로 원주율의 근삿값을 구했으며 뉴턴도 이 방법을 사용했지만, 19세기 후반까지는 확고하게 자리를 잡지 못했다.

이제 극한은 수학 여러 분야의 근간으로 여겨진다. 특히 해석학(p.222)에서 많이 사용되는데, 수학적 함수나 변수의 관계, 미적분의 발달을 공부하는 데에도 사용된다.

제논의 역설

제논의 역설은 기원전 5세기에 그리스의 수학자인 엘레아의 제논이 밝혀낸 몇 가지의 역설 중 하나로, 다음과 같다.

거북이와 토끼가 2마일 달리기 경주를 했다. 토끼는 일정한 속도로 뛰고 있다. 반면 철학자 기질이 있는 거북이는 앉아 있다. 토끼가 절대로 결승선에 도착하지 못할 것을 알고 있기 때문이다.

여기서 먼저 거북이는 이렇게 생각한다. 토끼는 1마일을 뛰어야 하고, 마지막 남은 1마일의 절반을 또 뛰어야 하며, 남은 마지막 반 마일의 절반을 계속 뛰어야 한다. 이 과정은 끝나지 않는다. 그렇다면 토끼는 무한한 거리를 뛰어야 하므로 끝마칠 수 없지 않겠는가?

제논의 역설은 수학적 의문과 철학적 의문을 낳는다. 수학적 관점에서 중요한 점은 바로 몇몇 경우, 무한수열이 유한한 값으로 수렴하는 급수를 갖는다는 사실이다. 그래서 유한한 거리를 달리는 데 걸리는 시간을 구할 때와 거리를 구할 때 동일한 방법을 쓸 수 있는지가 중요하다. 이 사실대로라면, 경주에서 토끼는 아무 문제없이 결승선에 도착한다.

피보나치수열

피보나치수열은 앞의 두 수를 더해서 세 번째 수를 만드는 간단한 패턴으로 형성된다. 피보나치수열은 이탈리아 출신 수학자 피보나치가 1201년에 서구 세계에 소개했다. 이 수열은 수학의 여러 분야뿐 아니라 물리와 자연에서도 찾아볼 수 있다.

수학적 용어를 사용해 피보나치수열을 정의하면 다음과 같다.

$$F_{n+1} = F_n + F_{n-1} \ (F_0 = 0 \ , \ F_1 = 1)$$

이 규칙을 통해서 다음과 같은 결과가 나온다. 0, 1, 1, 2, 3, 5, 8, 13, 21, 34, 55, 89,……로 시작하는 수열이다. 생물학에서 식물 줄기의 꼬인 부분과 줄기에 달린 잎의 수의 관계, 해바라기 씨앗의 소용돌이 모양, 자연적으로 생겨나는 패턴에 이 숫자들이 등장한다. 피보나치수열은 다양한 수학적 상황에서도 유용하게 쓰이는데, 유클리드 호제법을 포함하고 있으며 황금비율(p.37)과도 관련이 있다.

수열의 수렴

수열의 항이 특정한 값이나 극한에 가까워질 때 수렴한다고 정의한다. 하지만 극한으로 수렴하는 수열을 찾는다고 해도, 어떻게 극한을 알아낼까? 예를 들면, 원주율의 값을 구하는 방법들은 주로 수열에 의존한다. 수열이 특정 수로 수렴하면서, 그 수가 원주율의 실제 값에 점점 가까워지는 셈이다.

L의 값을 알 때, 수열이 L로 수렴한다는 것은, 임의의 크기의 오차 ε에 대해 남은 모든 항들이 L부터 ε의 거리 내에 존재하는 구간이 있다는 뜻이다. 카를 바이어슈트라스Karl Weierstrass와 다른 학자들은 수열이 수렴하는지 알기 위해서 꼭 L을 알아야만 하는 것은 아니라고 밝혔다.

코시수열Cauchy sequence은 주어진 임의의 크기의 오차 ε가 있을 때 수열의 일정한 구간 뒤에 모든 남은 수열 사이의 거리가 ε보다 작다는 것이다. 실수의 경우, 이는 극한을 가진 것과 같다.

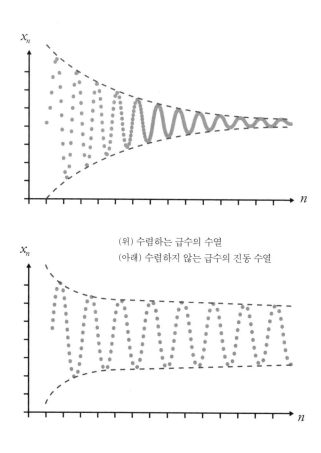

(위) 수렴하는 급수의 수열
(아래) 수렴하지 않는 급수의 진동 수열

급수의 수렴

특정 값이나 극한에 점점 가까워진다면 수열의 합이 수렴한다고 할 수 있다. 갈수록 서로 붙어 있는 부분 합의 차이가 점점 줄어든다. 특정한 수열의 항에 도달할 때, 직관적으로 급수가 끝에 가까워지는 것을 알 수 있다. 예를 들면, 일부 수들의 합의 수열이 $1, S_1, S_2, S_3, \cdots\cdots$ 이고 다음과 같은 상황이다.

$$S_n = 1 + \frac{1}{2} + \frac{1}{3} + \cdots + \frac{1}{n}$$

이 경우에 S_n과 S_{n+1}의 차는 $\frac{1}{n+1}$이다. n이 점점 커지면서 $\frac{1}{n+1}$은 작아진다. 하지만 이것만으로는 조화급수〔p.102〕인 이 급수에 극한이 존재한다고 말할 수는 없다.

결과를 보면 S_n은 이 경우에 수렴하지 않는다. 이는 발산 급수다. 그러므로 마치 수렴하는 코시수열처럼 갈수록 그 차이가 줄어들더라도 급수 자체는 수렴하지 않을 수 있다.

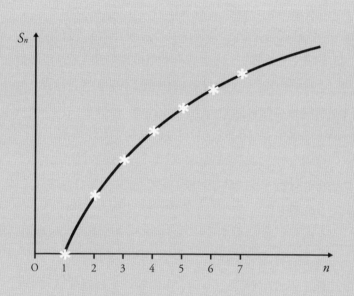

조화급수의 그래프로 합이 점점 서로 가까워지는 양상을 보이지만
극한으로 수렴하지는 않는다.

원주율 추정법

무리수 상수인 원주율의 값을 추산하는 다수의 방법은 수열적 접근을 사용한다. 기원전 3세기부터 그리스의 수학자인 시러큐스의 아르키메데스는 근사치의 수열을 이용해서 원주율을 소수점 두 자리까지 찾아냈다.

반지름이 1인 원이 있다고 가정하면, 원의 둘레는 정확히 2π이다. n개의 변을 가진 정다각형들을 사각형부터 시작해 그 안에 그려 보라. 각각의 정다각형은 꼭지각의 크기가 $\theta = \frac{360°}{n}$인 삼각형의 모음이라고 볼 수 있는데, 이 정다각형들을 반으로 나누면 빗변의 길이가 1인 직각삼각형들이 나온다. 이것이 반지름의 길이이고, 이때 각의 크기는 $\frac{\theta}{2}$이다. 삼각함수(p.132)를 사용해서 삼각형의 나머지 변의 길이를 알 수 있고, 다각형의 둘레의 길이를 구할 수 있다.

물론 아르키메데스는 삼각함수를 몰랐다. 그래서 그는 n의 값을 신중히 골라야 했다. 근대적인 방법들은 급수 추정법을 이용한다. 아이작 뉴턴은 많은 시간과 노력을 들여 원주율을 소수점 15자리까지 계산했다.

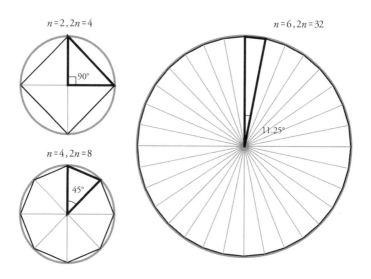

$n = 2, 2n = 4$

90°

$n = 4, 2n = 8$

45°

$n = 6, 2n = 32$

11.25°

아르키메데스가 원주율을 구하기 위해서 사용한 방법의 단계.
n의 값을 늘려서 더욱 정확한 원주율의 값을 구할 수 있다.

자연 상수 e 추정법

오일러 상수인 무리수 e는 수열의 연구에서 기원했고
수열을 사용해 추정할 수 있다. 일찍이 17세기 후반에 야코프
베르누이Jacob Bernoulli는 복리에 대한 문제를 해결하던 중에
오일러 상수를 발견했다. 복리란 원금과 그 원금에 대한
이자의 합이 다음 이자를 계산할 때 사용되는 방식이다.
이자율이 매년 100%이고 반년마다 지불할 경우, 1파운드의
투자금에 50펜스의 이자를 더하면 6개월 후에 지급받을 돈은
1.5파운드가 된다. 또 6개월이 흐르면, 75펜스를 추가적으로
지급받아야 하므로 이는 곧 2파운드 25펜스가 된다. 이를
일반화해서 1년을 동일한 길이의 n 분기로 나누면 지불해야 할
금액은 다음과 같다.

$$\left(1+\frac{1}{n}\right)^{n}$$

야코프 베르누이는 n이 점점 커지면서 오일러 상수로
수렴한다고 밝혔다. 이 값은 대략 2.71828182846이다.

$$e = \lim_{n \to \infty} \left(1 + \frac{1}{n}\right)^n$$

반복법

반복법이란 규칙이나 행동 혹은 지시가 반복되는 수학적 과정이다. 반복으로 인해서 수열이 생겨나기도 한다. 반복법은 수학적 문제를 컴퓨터 언어로 바꾸는 방법들을 연구하는 분야인 수치 분석에 종종 사용된다.

동역학계와 카오스 같은 주제들을 살펴보면 간단한 규칙이 반복법으로 적용될 때 어떻게 시스템의 상태가 변화하는지 알 수 있다. 이 모든 것을 적용하는 과정에서 처음에 주어진 수치가 어떻게 결과물을 변화시킬 수 있는지 이해하는 것이 중요하다. 그리고 이 과정은 결코 쉽지 않다.

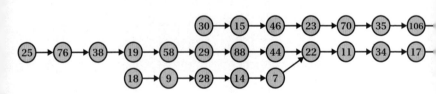

　　예를 들면, 양의 정수 x가 있다고 가정하자. x가 홀수라면, 3으로 곱하고 1을 더해라. x가 짝수라면, 2로 나누어라. 그리고 동일한 규칙을 다시 적용하고, 수열이 1에 다다르면 반복을 멈춰라. 맨 처음 입력된 x의 수치가 얼마든지 모두 유한한 시간 안에 반복을 멈추게 된다. 1937년에 독일의 수학자 로타르 콜라츠Lothar Collatz는 이 계산이 모든 수치 x에 관해 참이라고 추측했지만, 아직까지 증명되지는 않았다.

로타르 콜라츠가 추측한 것을 그림으로 표현했다. 30까지의 숫자로 실험해 본 결과 모두 1이라는 결과를 얻었다. 27은 실용적인 이유로 여기 포함되지 않았다. 95단계 나 더 거쳐야 하고 그 결과 46과 이어지기 때문이다.

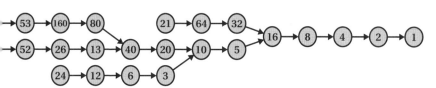

등차수열

등차수열은 수열의 항의 차가 일관적인 수열이다. 예를
들면, 0, 13, 26, 39, 52,……를 보면 연속적으로 등장하는 수의
차가 13이다. 이 차가 양수일 때 수열은 무한대로 발산한다.
그리고 음수일 때는 음의 무한대로 발산한다. 최근에 증명된
그린-타오 정리(p.316)는 긴 소수의 등차수열의 분배를
설명한다.

약간의 기술을 이용하면, 등차수열 일부 항의 합을
상대적으로 쉽게 구할 수 있다. 예를 들면, 1에서 100까지의
수의 합은 얼마인가? 이 값을 쉽게 구하려면 그 합을 나타내는
식을 두 번 적으면 된다. 한 번은 순서대로, 한 번은 반대로
적으면 된다. 그렇게 하면 세로줄의 두 수의 합이 101이 된다.
그러한 세로줄이 100개 있으니까 전체의 합은 100을 101로
곱한 값을 2로 나누면 된다. 이 주장은 결국 모든 등차수열의
합이 다음과 같은 식으로 구해진다는 뜻이다.

$$a + 2a + 3a + \cdots\cdots + na = \frac{1}{2}\,an\,(n+1)$$

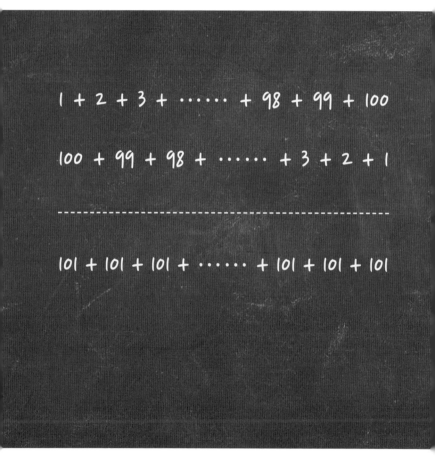

$$1 + 2 + 3 + \cdots\cdots + 98 + 99 + 100$$

$$100 + 99 + 98 + \cdots\cdots + 3 + 2 + 1$$

$$101 + 101 + 101 + \cdots\cdots + 101 + 101 + 101$$

등비수열

등비수열은 연속되는 항이 그 이전의 항과 상수의 곱인 수열이다. 예를 들면, 1, 4, 16, 64, 256,……에서 곱해지는 상수는 4이다. 이것을 공비 r로 표기한다.

등비수열의 일부 항의 합을 $S_n = a + ar + ar^2 + \cdots\cdots + ar^n$ 로 표기한다. r의 절댓값이 1보다 큰 경우 등비수열은 양수나 음수의 무한대로 발산한다. 하지만 절댓값이 1보다 작을 경우, 등비급수 혹은 기하급수는 극한인 $S = \dfrac{a}{1-r}$ 로 이어진다.

굉장히 많은 수학 문제에서 등비수열을 찾아볼 수 있다. 또한 등비수열은 복리계산과 회계 직무 분야에서 무척 중요하다. 많은 수학자들은 등비수열로 제논의 역설(p.84)을 풀 수 있다고 주장한다. 토끼가 달린 거리와 시간의 합을 경주 거리의 합으로 이르는 등비수열이라고 여기기 때문이다.

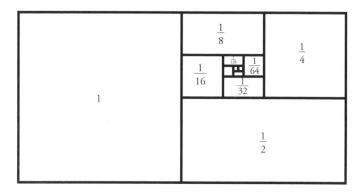

위의 다이어그램에서 직사각형의 넓이는 공비가 $\frac{1}{2}$ 인 등비수열이다.
이는 무한급수가 2로 수렴한다는 사실을 명백하게 보여 준다.

조화급수

조화급수란 지속적으로 줄어드는 분수의 무한한 급수의 합이다. 음악 이론에 중요한 역할을 하는데, 다음으로 정의된다.

$$\sum_{n=1}^{\infty} \frac{1}{n} = 1 + \frac{1}{2} + \frac{1}{3} + \frac{1}{4} + \frac{1}{5} + \cdots\cdots$$

여기서 놀라운 점은 바로 조화급수는 연속적인 항의 차이가 0에 가깝게 줄더라도 무한하게 이어진다는 사실이다.

항들을 작은 그룹으로 묶으면 이렇게 갈라지는 결과를 볼 수 있다. 이것은 연속적으로 작은 항들의 그룹을 만들 수 있다는 뜻인데, 모두 그 합이 $\frac{1}{2}$보다 크다. 예를 들면, $(\frac{1}{3} + \frac{1}{4})$이나 $(\frac{1}{5} + \frac{1}{6} + \frac{1}{7} + \frac{1}{8})$은 $\frac{1}{2}$보다 크다.

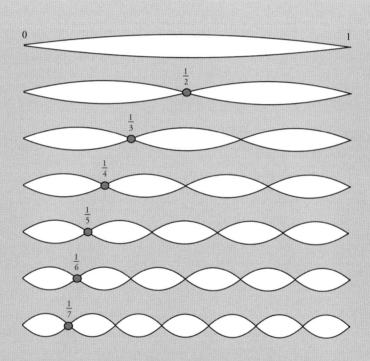

조화급수는 음악에서 중요한 역할을 한다. 조화급수가 양쪽으로 고정된 현을
뜯거나 쳤을 때 다양한 진동의 방식을 보여 주기 때문이다.

급수와 근사치

수학에서 기본적인 몇 가지는 무한한 합의 형태를 갖는다. 이런 급수는 원주율 π나 자연 상수 e와 같은 수들의 값을 추정하고, 몇몇 자연로그의 값을 추정하는 데 쓸 수 있다.

조화급수 $1 + \frac{1}{2} + \frac{1}{3} + \frac{1}{4} + \frac{1}{5} + \cdots\cdots$로 시작해 보자. 여기서 두 항에 한 번씩 더하기를 빼기로 바꾸면, 그 합은 2의 자연로그 값으로 수렴한다. 그리고 각 분수의 분모를 그 제곱으로 대체하면, 합은 $\frac{\pi^2}{6}$으로 수렴한다. 사실 짝수 제곱의 모든 합은 정해진 상수에 π^2을 곱한 값으로 수렴한다. 홀수 제곱의 합 또한 수렴하는 값이 있는데, 이 경우에는 알려진 폐쇄 형태closed-form의 표현이 없는 수들로 수렴한다.

마지막으로, 분모를 그 계승factorial으로 대체하면, 합은 e로 수렴한다. 계승이란 !로 표기하며 수를 그 이하의 양수들로 곱한 값이다. 예를 들면, $3! = 3 \times 2 \times 1 = 6$이며 $5! = 5 \times 4 \times 3 \times 2 \times 1 = 120$이다.

$$1 - \frac{1}{2} + \frac{1}{3} - \frac{1}{4} + \frac{1}{5} - \frac{1}{6} + \frac{1}{7} - \cdots\cdots = \ln 2$$

$$1 + \frac{1}{2^2} + \frac{1}{3^2} + \frac{1}{4^2} + \frac{1}{5^2} + \frac{1}{6^2} + \frac{1}{7^2} + \cdots\cdots = \frac{\pi^2}{6}$$

$$1 + \frac{1}{2^4} + \frac{1}{3^4} + \frac{1}{4^4} + \frac{1}{5^4} + \cdots\cdots = \frac{\pi^4}{90}$$

$$1 + 1 + \frac{1}{2!} + \frac{1}{3!} + \frac{1}{4!} + \frac{1}{5!} + \frac{1}{6!} + \frac{1}{7!} + \cdots\cdots = e$$

$$1 + \frac{1}{2\times1} + \frac{1}{3\times2} + \frac{1}{4\times3} + \frac{1}{5\times4} + \cdots\cdots = 2$$

멱급수

멱급수는 수열의 항의 합으로, 이때 속하는 항들은 변수 x의 점점 커져 가는 양수 제곱이다. 다음은 한 등비수열에 대한 멱급수의 예이다.

$$1 + x + x^2 + x^3 + x^4 + \cdots\cdots$$

위 경우는 특별한 것인데, 각 항의 계수가 1이기 때문이다. 멱급수는 보이는 것보다 훨씬 더 일반적이며 많은 함수들을 멱급수로 나타낼 수 있다. 만일 주어진 항 이후의 모든 계수가 0이라면, 멱급수는 유한하며 다항식(p.184)을 만들어 낸다.

멱급수는 수렴이 가능할까? 등비수열(p.100)의 이론에서, x가 −1과 1 사이에 존재한다면 위에 나온 급수의 부분 합이 $\frac{1}{1-x}$로 수렴한다는 것을 알 수 있다. 물론 모든 멱급수가 이 법칙을 따르지는 않는다. 하지만 간단한 등비수열과 비교해 보면 특정 멱급수가 이 법칙을 따르는지 알 수 있다.

$$f(x) = \sum_{n=0}^{\infty} a_n(x-c)^n$$

$$= a_0 + a_1(x-c)^1 + a_2(x-c)^2 + a_3(x-c)^3 + \cdots\cdots$$

$$f(x) = \sum_{n=0}^{\infty} a_n x^n$$

$$= a_0 + a_1 x + a_2 x^2 + a_3 x^3 + \cdots\cdots$$

기하학 개론

    기하학은 모양, 크기, 위치, 공간을 연구하는 학문이다.
유클리드가 설립한 고전적인 형태의 기하학은 물체의 유형과
공리라고 불렸던 가정을 기반으로 한다. 유클리드는 자신의
저서인 『원론*Elements*』에서 다음과 같은 다섯 개의 공리를
제시했다.

1. 임의의 두 점 사이에 선을 그을 수 있다.
2. 선분은 양 방향으로 무한하게 연장될 수 있다.
3. 어떠한 임의의 점도 중앙에서 임의의 반지름을 갖는 원을
   그릴 수 있다.
4. 두 개의 직각은 항상 같다.
5. 주어진 한 선과 그 선에 위치하지 않은 점에서, 그 점을
   통과하는 선 중 주어진 선과 평행하며 교차하지 않는 선은 단
   하나이다.

    유클리드가 여기서 선, 직각, 반지름 등 다양한 용어를
아무런 설명이나 정의 없이 사용한다는 점을 알 수 있다. 그
결과 1800년 후반에 굉장히 논리적인 환경에서 기하학을
발전시키는 새로운 공리들이 소개되었다.

선과 각

선과 각은 기하학에 존재하는 두 가지의 가장 근본적인 용어이다. 유클리드의 다섯 번째 공리에 따르면, 주어진 직선과 그 직선에 위치하지 않은 점에서, 그 점을 통과하는 선들 중 단 하나만이 원래 주어진 직선과 만나지 않는다. 다른 말로 표현하자면, 보통 선들은 교차하고 교차하지 않는 선인 평행선은 드물다.

각의 개념은 선들이 어떻게 교차하는지 설명하기 위해 만들어진 도구이다. 두 선이 점 P에서 만난다고 가정하자. 이 경우에, P를 중앙으로 한 원은 선들로 인해서 네 조각이 된다. 만약 그 조각들의 넓이가 같다면, 두 선들은 서로 수직이며 각들은 직각이다. 이는 유클리드의 네 번째 공리와 관련 있다.

보통 일반적인 사례를 살펴보면, 도degrees라는 단위로 각의 크기를 잰다. 심지어 기하학과 관련이 없어 보이는 삼각함수(p.132)를 공부할 때도 각은 중요한 역할을 한다.

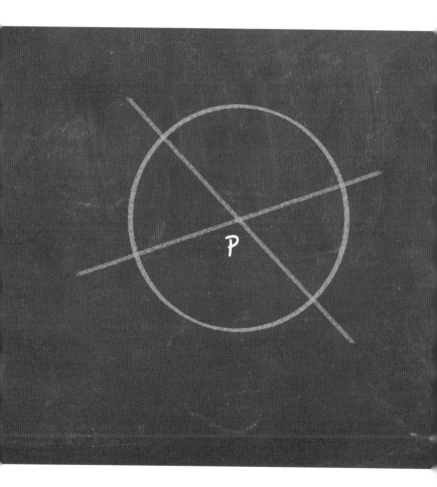

각의 크기 계산

 과거에는 두 선 사이의 각을 잴 때 교차점 주위에 원을
그리고, 같은 구간이나 단위로 그 원을 나누었다. 고대
메소포타미아의 천문학자들은 360개로 구간을 나누어 사용할
것을 제안했다. 오늘날 도degrees라고 불리는 것이 이 구간이다.
이 천문학자들은 각 도를 60개의 동일한 분minutes으로
나누었고, 각 분은 동일한 60초seconds로 나누었다. 시간의
단위와 혼동을 피하기 위해서 세부 단위들은 구별된 분minutes
of arc 그리고 초seconds of arc로 지칭한다. 그러므로 각을 재기
위해서는 얼마나 많은 도, 분, 초가 그 각을 구성하는지 알아야
한다.

 각을 계산할 때 60과 360은 매우 유용하게 사용된다. 60은
1, 2, 3, 4, 5 혹은 6으로 나눈 후에도 자연수가 남기 때문이다.
하지만 이 단위는 각을 재는 데 중요하지 않다. 여기서
근본적인 사실은 바로 우리가 각을 원의 비율로 생각할 수
있다는 점이다. 이때 각은 그 각을 구성하는 두 개의 선에
둘러싸인 상태이다.

원

원의 정의는 P라는 중앙 점에서 동일한 거리 반지름 r에 위치한 점들의 집합이다. 원은 유클리드의 공리에서 당연히 받아들여진 원시적 요소 중 하나이다. 모든 가장자리 점들을 이은 폐곡선을 둘레라고 한다. 둘레 C는 반지름인 r과 함께 $C = 2\pi r$이라는 공식을 이룬다. 원의 넓이 A는 또 다른 공식으로 구할 수 있다. 바로 $A = \pi r^2$이다. 이렇게 보면, 원은 수학에서 가장 중요한 두 개의 상수 중 하나인 원주율로 우리를 이끈다(p.40).

또한 원은 다른 곡선, 선, 넓이를 정의한다. 호arc는 둘레의 제한된 구간이고, 부채꼴sector은 두 개의 반지름과 호로 둘러싸인 도형이다. 현chord은 둘레에 위치한 두 개의 점을 관통하는 직선이다. 활꼴segment은 둘레와 현으로 둘러싸인 도형이다. 할선secant는 현을 확장시킨 것으로, 두 점을 통과하며 원을 자른다. 그리고 접선tangent는 원의 한 점에서 맞닿는 직선이다.

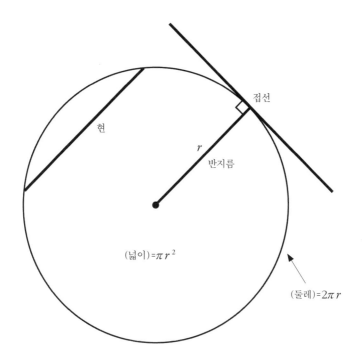

현

접선

r

반지름

(넓이) $=\pi r^2$

(둘레) $=2\pi r$

원을 이루는 요소. 원의 반지름, 둘레, 면적은 원주율의 정의와 밀접한 관련이 있다.
그리고 다양한 기하학적 선과 도형이 원에서 유래한다.

라디안 (호도)

 전통적으로 사용되는 단위인 도, 분, 초를 대신해 라디안을 쓰기도 한다. 수학자들은 종종 라디안으로 각의 크기를 표기하는데, 원 기하학에 기반을 둔 라디안은 많은 장점이 있다. 특히 라디안은 삼각함수〔p.132〕를 쉽게 다루게 해 준다.

 라디안의 직관적 의미는 반지름이 1인 원을 생각하면 가장 쉽게 이해할 수 있다. 이때 두 선에 의해 생기는 각의 크기를 라디안으로 잰 값은 호의 길이와 동일하다. 이 경우 반지름이 1이고, 두 선이 교차하는 점이 원의 중심이 된다.

 원의 둘레는 $C = 2\pi r$로 구할 수 있기 때문에, 반지름이 1이면 둘레는 2π이다. 그러므로 원에 대한 x의 부분 값은 $\theta = 2\pi x$일 때, θ 라디안이 된다. 예를 들면, 원을 동일한 크기의 네 조각으로 자르면 직각이 나오는데, 이것이 둘레 2π를 $\frac{1}{4}$로 곱한 값이다. 그러므로 이 값은 $\frac{\pi}{2}$다.

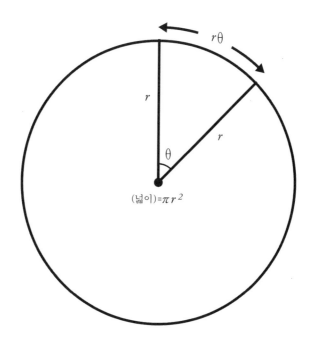

반지름 r을 가진 원의 부채꼴의 각 크기가 θ라고 하자.
그러면 이 부채꼴의 호의 길이는 $r\theta$이다.
그러므로 라디안을 이용해서 각을 재면 호의 길이를 쉽게 구할 수 있다.

삼각형

삼각형은 같은 직선 위에 위치하지 않은 세 점으로 구성할 수 있다. 삼각형은 단순히 말하면 세 개의 점을 연결하는 세 개의 선분들로 둘러싸인 도형이다.

삼각형의 넓이는 주위에 직사각형을 그려서 구한다. 한 변을 삼각형의 밑변으로 하고 삼각형의 세 번째 꼭짓점에서 밑변까지의 수직거리를 높이로 정한다. 그러면 삼각형의 넓이는 밑변과 높이를 곱한 것의 절반이다.

삼각형과 그보다 더 많은 변을 가진 다각형의 일반화를 이용하면 더욱 복잡한 도형도 간단하게 설명할 수 있다. 예를 들면, 삼각형을 여러 개 붙여서 다양한 도형을 나타낼 수 있다. 이 사실을 무척 잘 아는 엔지니어들은 설계할 때 곡선 벽과 같은 복잡한 도형을 사용하지 않고 직선의 변을 가진 삼각형으로 구조물을 구성해서 더욱 강하게 만든다.

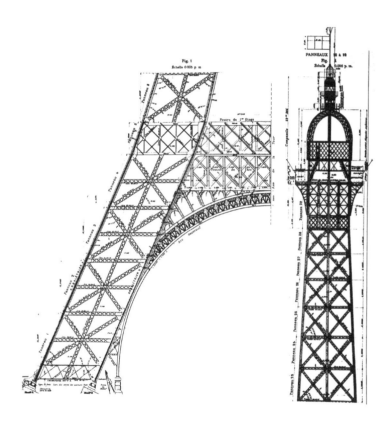

삼각형의 종류

　삼각형의 종류에는 여러 가지가 있고, 각각 고유한
이름을 갖는다. 모든 삼각형에서 내각의 합은 180도 혹은
π라디안이다. 그리고 각의 크기와 변의 상대적 길이에는
명백한 관계가 존재한다.

　정삼각형은 세 변의 길이가 같다. 그러므로 세 각의
크기도 동일하다. 세 각의 합이 180도여야 하므로, 각각의
각의 크기는 60도이다. 이등변삼각형은 두 변의 길이가
같으며, 두 각의 크기도 같다.

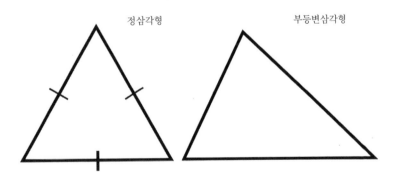

정삼각형　　　　　　　　　　　　　부등변삼각형

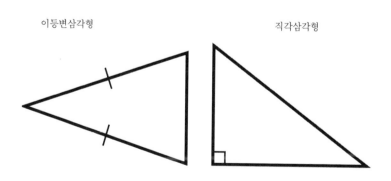

직각삼각형의 한 각은 직각으로 90도다. 그리고
부등변삼각형은 세 변의 길이가 각각 다르고, 세 각의 크기도
서로 다르다.

이등변삼각형   직각삼각형

삼각형의 중앙

삼각형의 중앙을 정의하는 방법은 여러 가지이다. 예를 들면, 세 개의 꼭짓점에서 동일한 거리에 위치한 점이거나, 삼각형 안에 그릴 수 있는 가장 큰 원의 중앙이거나, 꼭짓점에 닿는 원의 중앙이다. 이 모든 정의는 자연적 정의이며, 항상 같은 위치에 있지 않을 수도 있다.

삼각형의 중앙에서 가장 유용한 개념은 바로 무게중심이다. 삼각형의 각 모서리에서 반대편 변의 중앙으로 선을 긋고, 그렇게 그린 세 선이 만나는 교차점이 삼각형의 무게중심이다. 이 세 선이 한 교차점에서 만난다는 사실은 직관적으로 알 수 있는 게 아니다. 삼각형의 무게중심은 만약 삼각형이 균일한 밀도의 물질에서 잘린 단면일 경우 무게의 중심이 된다. 이러한 균일한 밀도의 삼각형은 무게중심이 아닌 점에 걸어도 평형 위치점을 찾게 된다. 이때의 무게중심은 피벗 포인트pivot point보다 아래에 위치하게 되며 추축을 통과하는 수직선상에 위치한다.

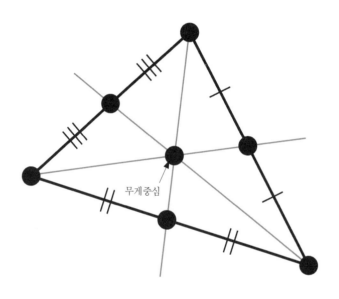

무게중심

삼각형의 무게중심 찾기

다각형

기본적으로 다각형은 여러 개의 직선으로 둘러싸인 도형이다. 그러나 다각형이라는 단어는 종종 특별한 종류의 다각형, 예를 들어 모든 변의 길이가 동일한 정다각형을 묘사하는 데 주로 사용된다. 정다각형에는 정오각형, 정육각형, 정칠각형, 정팔각형 등이 포함된다.

정다각형은 두 개의 짝이 맞는 각을 보유한 삼각형, 즉 이등변삼각형들로 구성된다. 보다시피 각 삼각형의 꼭짓점이 새로운 도형의 중앙에서 만난다. 중앙에 있는 교차하는 위치의 각의 크기의 합은 2π 라디안이어야 하므로, 하나의 각의 크기는 $\frac{2\pi}{n}$이며 n은 삼각형의 개수 혹은 다각형 변의 개수와 같다. 삼각형 세 각의 크기의 합이 π 라디안이므로, 서로 같은 크기의 각들인 $2a$를 찾으려면 $2a = \pi - \frac{2\pi}{n}$를 사용한다. 또한 $2a$의 값은 정다각형 내 하나의 내각의 크기와도 같다. 예를 들면, $n = 5$인 오각형의 경우 내각 하나의 크기는 $\frac{3\pi}{5}$이다.

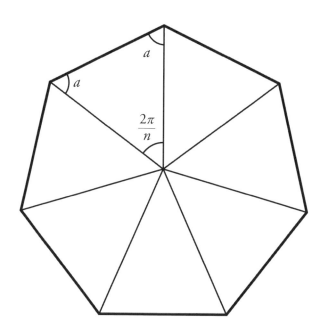

닮음

두 도형을 일정한 비율로 축소하거나 확대할 경우 합동이면 두 도형은 닮음 관계에 있다. 두 도형이 같은 모양을 가졌음을 나타내는 방법 중 하나이다. 삼각형이 닮았을 때, 한 삼각형의 세 각의 크기는 다른 삼각형의 세 각의 크기와 각각 같다. 비슷하게 대응하는 두 변의 비를 쟀을 때 그 비가 모두 같다.

다각형이나 곡선과 같은 기하학적 형태는 다른 기준을 갖는다. 예를 들면, 두 개의 정다각형이 같은 수의 변을 가졌을 때 닮았다고 할 수 있다.

닮음, 혹은 닮음변환similarity transformation이라는 용어는 물체가 비슷한 물체로 확대하되나 축소되도록 변환하는 과정을 말한다. 닮음변환은 유클리드공간에서 모든 점의 데카르트좌표[p.160]를 하나의 계수(환산 계수)와 곱해서 물체의 모양은 그대로 두고 크기만 크거나 작게 만드는 것이다.

시에르핀스키 삼각형은 셀 수 없이 무한한
닮은 삼각형들로 만들어진 프랙털이다.

합동

같은 모양과 같은 크기를 가진 두 도형을 합동이라고 부른다. 두 삼각형이 닮았다면 모양이 같은 것이고, 각각 대응하는 변의 길이가 동일하다면 크기가 같다는 의미이며 이 모든 조건이 맞을 때 두 삼각형은 합동이다. 여기서 환산계수scaling factor는 1이다.

한 가지 사실을 짚고 넘어가자. 두 삼각형이 합동이라 해도, 삼각형을 평면에서 다른 삼각형으로 이동시켰을 때 둘이 맞아떨어지지는 않는다. 왜냐하면 합동인 두 삼각형이 서로의 거울상mirror-images일 수 있기 때문이다. 이 경우 평면에서 삼각형을 들어내야만 물리적으로 두 삼각형이 맞아떨어진다.

세 변의 길이, 두 변의 길이와 그 끼인각의 크기 혹은 한 변의 길이와 양 끝 각의 크기 중 하나라도 같으면 두 개의 삼각형은 합동이다. 그리고 이 세 가지 조건 중 하나만 알아도 삼각형을 정할 수 있다.

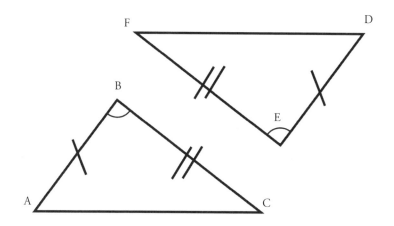

한 쌍의 삼각형이 합동인지 알 수 있는 방법은 다양하다.
그림에서 볼 수 있듯이 최소한 두 변의 길이가 같고
한 각의 크기가 같아야 한다. 여기서 그림 속의 두 삼각형은
합동이지만 서로를 포갰을 때 완전히 겹쳐지지 않는다.

피타고라스의정리

피타고라스의정리는 기원전 6세기 후반 그리스의 수학자 피타고라스의 이름을 따서 만들었다. 하지만 그보다 수 세기 전부터 바빌로니아 사람들은 직각삼각형 변 길이의 관계에 대한 유명한 정리를 알고 있었다.

피타고라스의정리에 따르면, 직각삼각형의 가장 긴 변 혹은 빗변의 제곱이 다른 두 변의 제곱의 합과 같다. 닮은 삼각형들의 닮음비로 증명한 내용이 오른쪽의 그림이다. 피타고라스의정리는 삼각형의 각 변을 한 변의 길이로 갖는 정사각형의 넓이를 통해서도 증명할 수 있다.

기하학에서 피타고라스의정리는 무척 중요한 도구이다. 그리고 좌표기하학(p.160)에서 거리를 정의하는 것도 피타고라스의정리를 기반으로 한다. 피타고라스의정리는 삼각함수의 사인과 코사인(p.136) 사이의 관계로 새롭게 정의할 수 있다.

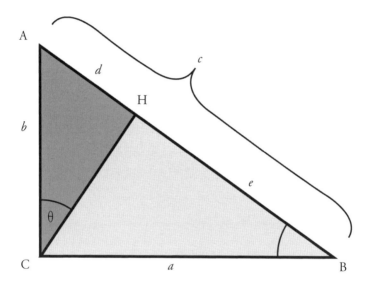

삼각형 ABC와 삼각형 CHB는 닮았고, 삼각형 ABC와 삼각형 CAH가 닮았다.
그러므로 $\frac{a}{c} = \frac{e}{a}$ 이고 $\frac{b}{c} = \frac{d}{b}$ 이다.
이는 $a^2=ec$ 이고 $b^2=dc$ 이며 $a^2+b^2=(e+d)c=c^2$ 이라는 결론으로 이어진다.

사인, 코사인, 탄젠트

직각삼각형에서 각 변의 길이의 비율을 구해서 각과 함수를 연결시킬 수 있다. 이것을 삼각함수trigonometric functions라고 하며, 사인, 코사인, 탄젠트 함수를 이 방법으로 정의한다.

사인, 코사인, 탄젠트 함수들을 정의하려면 하나의 각 θ가 필요하다. 이 각은 90도가 될 수는 없으며, 길이가 H인 빗변과 길이가 A인 인접한 변의 교차로 생기는 각이다. 이때 나머지 한 변의 길이는 O로 표기한다. 사인, 코사인, 탄젠트 함수는 다음과 같이 정의한다.

$$\sin\theta = \frac{O}{H} \; ; \cos\theta = \frac{A}{H} \; ; \tan\theta = \frac{O}{A}$$

각을 가진 두 개의 직각삼각형은 항상 서로의 축소판이거나 확대판이다. 그러므로 이 함수는 삼각형의 크기에 상관없이 동일한 답을 가진다. 그보다 더 중요한 것은 $\frac{O}{A} = \frac{O}{H} \Big/ \frac{A}{H}$ 이므로, $\tan\theta = \frac{\sin\theta}{\cos\theta}$라는 것이다.

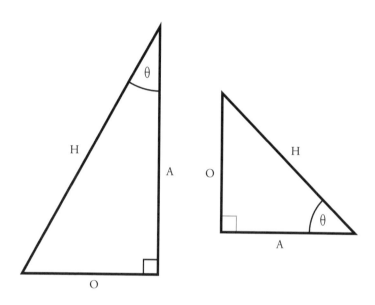

직각삼각형의 빗변은 항상 삼각형에서 제일 긴 변이다.
그리고 그 높이와 밑변은 기준이 되는 각도에 따라서 다르게 정의된다.

삼각측량

삼각측량은 한 변과 한 각의 크기만 이용해서 삼각형의
성질을 완전히 구하는 방법으로 삼각함수 사인, 코사인,
탄젠트의 값에 의존한다.

문이 없는 탑이 하나 있다고 가정하자. 탑 맨 꼭대기에는
라푼젤이 살고 있다. 라푼젤을 만나러 가려는 왕자는 어떻게
라푼젤의 방 창문의 높이인 d를 구할까? 또한 라푼젤의
머리카락은 어디까지 닿을까? 이때 왕자는 탑에서 l의 거리에
서 있다. 그리고 탑의 아래쪽과 창문으로 향하는 직선을
그었을 때 만들어지는 각의 크기는 θ이다.

이 탑이 수직이고, 창문과 탑 아래쪽, 왕자가 서 있는 위치가
직각삼각형을 이룬다. 왕자는 이때 생기는 각의 크기와 빗변의
길이 l을 알고 있다. 그는 각 θ의 반대편 선분인 d의 길이를
구하려고 한다. 이 값들을 탄젠트 공식에 적용하면 다음과
같은 결과가 나온다.

$$\tan\theta = \frac{d}{l} \text{ , 따라서 } d = l \times \tan\theta$$

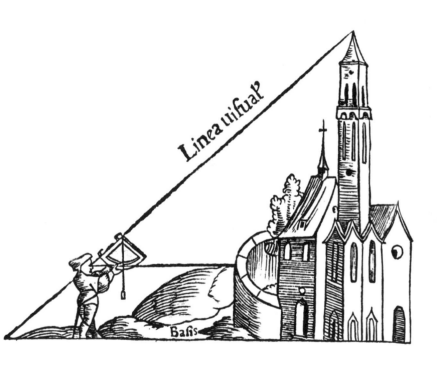

삼각함수 항등식

삼각함수 항등식은 모든 각도에서 참인 사인, 코사인, 탄젠트 함수와 관련 있다. 각 θ, 길이 O의 반대 변, 길이 A의 인접한 변, 길이 H의 빗변을 가진 직각삼각형이 있다고 가정하자. 이때 피타고라스의정리에 따라서 $O^2 + A^2 = H^2$이 성립한다. 이 식을 H^2로 나누면 다음과 같은 결과가 나온다.

$$\frac{O^2}{H^2} + \frac{A^2}{H^2} = 1 \ \text{혹은,} \ \left(\frac{O}{H}\right)^2 + \left(\frac{A}{H}\right)^2 = 1$$

또한 $\sin\theta = \dfrac{O}{H}$이고 $\cos a = \dfrac{A}{H}$이므로, 다음 식이 성립한다.

$$\sin^2\theta + \cos^2\theta = 1$$

위 사실은 모든 각 θ에 적용된다. 여기서 주의해야 할 점은, $\sin^2\theta$는 θ의 사인의 제곱이지 θ^2의 사인이 아니라는 사실이다. 모든 θ에서 삼각항등식은 성립한다. 하지만 이는 함수 자체에도 의미가 있다. 곧 피타고라스의정리가 주장하는 것을 효과적으로 다시 보여 준다.

길이 H의 빗변과 크기 *a*의 각을 가진 직각삼각형이라면,
사인과 코사인 값을 알면 다른 변의 길이를
쉽게 구할 수 있다.

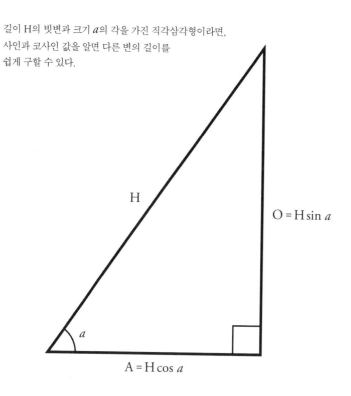

H

O = H sin *a*

a

A = H cos *a*

사인과 코사인 법칙

사인과 코사인 법칙은 일반 삼각형의 각과 변에 관한 공식이다. 합동(p.128)의 개념에서 삼각형의 두 변과 그 끼인각이 그 삼각형을 정의한다. 이 정보로 나머지 변과 각을 구한다.

다음 페이지에 등장하는 삼각형에는 다음과 같은 법칙들이 적용된다.

$$\frac{\sin A}{a} = \frac{\sin B}{b} = \frac{\sin C}{c} \quad \text{(사인 법칙)}$$

$$c^2 = a^2 + b^2 = 2ab\cos C \quad \text{(코사인 법칙)}$$

만일 C가 직각이라면, $\cos C = 0$이고 코사인 법칙은 여기서 피타고라스의 정리와 동일하다. 그러므로 코사인 법칙은 각 C가 직각이 아닌 경우 피타고라스의정리를 교정해서 적용시키는 역할을 한다고 볼 수 있다.

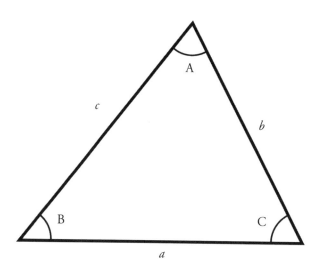

배각 공식

배각 공식으로 여러 각의 합의 사인 값과 코사인 값을 구할 수 있다. 또한 사인과 코사인의 유용성을 0도와 90도 사이의 각보다 더 큰 각에도 적용할 수 있다.

다음 페이지에서 볼 수 있듯이, 배각 공식은 두 삼각형을 붙여 놓은 삼각형을 통해 탄생했다.

$$\sin(A+B) = \sin A \cos B + \cos A \sin B$$

$$\cos(A+B) = \cos A \cos B - \sin A \sin B$$

A = B라고 가정할 때 다음과 같이 일반화된 배각 공식이 생겨난다.

$$\sin(2A) = 2\sin A \cos B$$

$$\cos(2A) = \cos^2 A - \sin^2 A = 1 - 2\sin^2 A = 2\cos^2 A - 1$$

그림에 등장하는 삼각형들의 각 A와 각 B처럼,
배각 공식으로 합친 각의 사인과 코사인을
구할 수 있다.

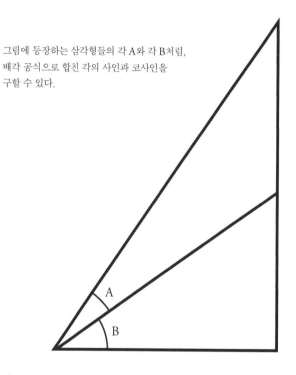

대칭

물체나 이미지가 이동하거나 변환해도 근본적으로 동일한 상태일 때, 이것을 대칭이라고 부른다.

기하학에서 반사, 회전, 이동 등의 변환을 해도 길이가 그대로일 경우, 대칭이라고 정의할 수 있다. 반사는 2차원 기하학에서 직선에 대해 혹은 3차원 기하학에서 평면에 대해 거울면 대칭mirror symmetries을 이루는 것이다. 회전은 물체를 평면에서 이동시키거나 축을 중심으로 회전시키는 것이다. 그리고 이동은 물체를 주어진 방향으로 이동시키는 것이다. 다양한 변환 과정들을 융합시킬 수도 있다. 만약 주어진 물체를 변환시켜도 그 물체가 변한 것처럼 보이지 않는다면, 그 물체는 변환에서 불변량invariant이라고 할 수 있다.

대칭의 개념은 수학의 다른 분야들에서도 유용하다. 어떠한 수학적 물체의 연산이 몇몇의 성질을 보전한다면 이를 대칭이라고 할 수 있다. 이 사실은 연산에서 군을 정의할 때 중요하다(p. 268).

이동, 회전, 반사

기하학에는 세 가지 기본적인 대칭이 있다. 이 세 가지는 물체를 변환시키면서 기본적인 구조는 남긴다.

이동은 도형을 주어진 방향으로 움직이지만 변의 길이나 각의 크기는 바뀌지 않는 것이다. 회전은 평면의 특정한 점을 기준으로 도형을 회전시키는 것인데, 역시 변의 길이나 각의 크기는 그대로 유지한다.

2차원에서 반사는 주어진 선에서 도형을 거울에 비추는 것이다. 이 선을 대칭축axis of symmetry이라고 부른다. 다른 변환 방식은 도형을 평면에서 움직이지만, 반사는 도형을 평면에서 들어낸 뒤 뒤집어야 한다. 다시 말하지만, 변과 각은 유지된다. 가끔 대칭을 반사와 혼동하는데 이는 적절치 않다. 예를 들면, 조각 그림 퍼즐의 양면은 같지 않다. 왜냐하면 한 면은 그림을 포함하고, 한 면은 그림이 들어 있지 않기 때문이다.

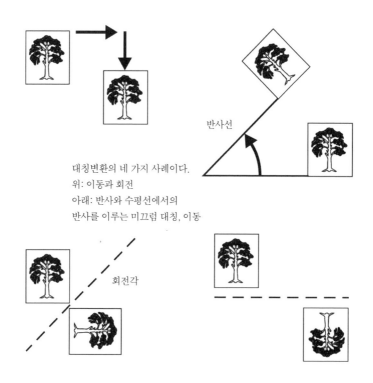

반사선

대칭변환의 네 가지 사례이다.
위: 이동과 회전
아래: 반사와 수평선에서의
반사를 이루는 미끄럼 대칭, 이동

회전각

다면체

다면체는 다각형을 3차원으로 가져온 것이다. 다면체는 평평하고 2차원적인 면이 그 경계를 이룬다. 정다각형에는 특정 규칙이 적용되며, 이와 비슷한 다섯 개의 정다면체도 존재한다. 다음과 같은 정다면체는 플라톤의 입체Platonic solids라고도 불린다.

- 정사면체: 정삼각형 모양의 면 네 개
- 정육면체: 정사각형 모양의 면 여섯 개
- 정팔면체: 정삼각형 모양의 면 여덟 개
- 정십이면체: 정오각형 모양의 면 열두 개
- 정이십면체: 정삼각형 모양의 면 스무 개

평면을 배치하는 방법이 선분을 배치하는 방법보다 훨씬 많다. 그렇기 때문에 다각형보다 다면체의 종류가 훨씬 다양하다.

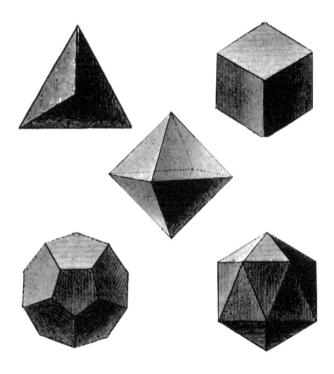

쪽매맞춤

2차원의 도형들이 서로 변을 맞대고, 그사이에 틈이 없도록 도형을 만들 경우 이를 쪽매맞춤이라고 부른다. 정다각형 중에서는 오직 네 개의 변을 가진 정사각형과 여섯 개의 변을 가진 정육각형이 쪽매맞춤을 할 수 있다.

도형들을 조합시키면 더욱 복잡한 쪽 맞추기가 가능하다. 가장 간단한 것은 이동 대칭을 갖는 주기적 타일링periodic tiling이다. 패턴이 주어진 방향으로 움직이며, 그 자체에 정확히 맞아떨어진다는 뜻이다.

정다면체 중 오직 정육면체만이 3차원의 공간에서 쪽매맞춤이 가능하다. 하지만 아주 복잡한 다면체를 이용하면 무한한 쪽매맞춤이 가능하고, 이를 허니콤honeycomb이라고 부른다. 허니콤은 결정화학에서 중요한 역할을 하는데, 정다면체의 꼭짓점이 결정의 원소 위치를 정하기 때문이다. 허니콤을 분석한 연구에 따르면, 230개의 독립적인 쪽매맞춤이 존재하며, 이것이 구성할 수 있는 결정구조 개수이다.

펜로즈 타일링

　　펜로즈 타일링은 특별한 타일링의 한 종류인데, 두 가지 기본적인 도형을 이용한다. 이는 1970년 중반에 영국의 이론물리학자인 로저 펜로즈Roger Penrose가 발견했다. 펜로즈 타일링은 주기적 패턴을 따르지 않는 비주기적 타일링이다.

　　놀라운 사실은 바로 펜로즈 타일링에 등장하는 추상적 도형이 자연적인 쓰임새가 있다는 것이다. 재료 과학자들은 1980년 초반에 비주기적 구조들 중에서 비슷한 수학적 정의를 갖는 준결정quasicrystals이라는 것을 발견했다. 준결정은 다른 물질을 단단하게 감쌀 수 있으며 마찰력이 매우 적다.

　　가장 간단한 종류의 펜로즈 타일링은 평평한 마름모와 가느다란 마름모를 기본 도형으로 삼는다[p.151]. 마름모는 네 변의 길이가 같고, 마주 보는 대변끼리 평형하다. 같은 성질을 가진 하나의 도형으로 이와 같은 구조를 만든 사례가 또 있는지는 아직 밝혀지지 않았다.

구

구는 원의 3차원적 등가물이고, 완벽하게 둥근 기하학적 물체이다. 구체에 고정된 기준 틀(예를 들면 지구의 극축)이 있는 경우, 표면의 모든 위치를 두 각도로 설명할 수 있다. 지구의 경우에는 경도와 위도다. 위도는 구의 중심과 결합하는 선 혹은 사선과 중심축 사이의 각도이다. 그리고 경도는 지구의 본초자오선과 같은 참조 점에서 선과 위도 사선 사이의 각도이다.

구의 표면에 있는 모든 영역의 경계선은 구의 중심에 일반화된 원뿔을 형성한다. 이것을 확장한 것이 입체각이다. 입체각은 원뿔과 반경 1인 구체의 전체 표면적이 교차하는 영역의 비율을 측정한 값이다. 구의 표면적은 공식 $4\pi r^2$으로 계산하므로 이 구의 표면적은 4π이다.

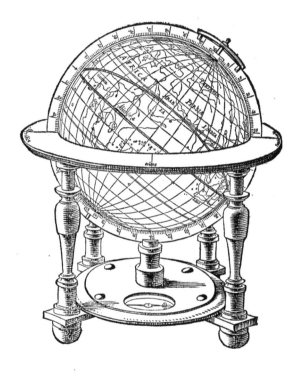

평평한 종이 위에 구형 물체의 표면을 나타내려면 선택을 해야만 한다. 두 영역의 비율을 동일하게 만들거나, 위도가 직선이 되게 하거나, 다른 측정값을 보존해야 하는 것처럼 다양한 선택지가 있다. 동일한 곡면에 대한 다른 2차원적 표현을 유도하는 것이다.

비유클리드기하학 및 비고전적 기하학

　비유클리드기하학은 우리에게 친숙한 유클리드기하학을
기반으로 한다. 평평한 평면이 아닌 표면이나 공간을 기반으로
한다는 뜻이다〔p.108〕. 이러한 경우에 유클리드의 다섯 번째
공리, 즉 주어진 선 밖의 한 점을 지나는 평행선은 하나만
존재한다는 공리는 적용되지 않는다. 예를 들면, 구형 표면의
기하학을 보자. 이때 선은 대원大圓의 둘레에 있는 호로
변환된다. 이 직선 위에 놓여 있지 않은 점을 선택하면, 새
점을 통과하는 다른 대원이 원래 원과 교차한다. 따라서 구의
표면에는 평행선이 없다.

　비유클리드기하학은 구체의 표면과 같은 크기의 곡률을
갖는 타원기하학 그리고 말의 안장〔p.108, 오른쪽 그림〕과 같이
음의 곡률을 갖는 쌍곡선 기하학으로 나눌 수 있다. 또한
비고전적 기하학에서는 주어진 선 밖의 한 점을 통과하는 많은
평행한 선이 있을 수 있다.

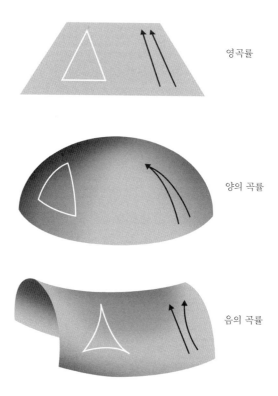

영곡률

양의 곡률

음의 곡률

구 쌓기 문제

구 쌓기 문제는 상자에서 가장 효율적인 구를 배열하는 과정이다. 비어 있는 공간을 최소화하려면 구를 어떻게 배열해야 할까?

예를 들면, 청과물 상인이 오렌지를 배송할 때 이러한 문제에 직면하게 된다. 사실 이 문제는 오렌지가 아닌 대포알 쌓기의 문제로, 아주 오랜 시간 동안 고민되어 왔다. 17세기 독일의 천문학자이자 이론가인 요하네스 케플러Johannes Kepler는 사각형의 수평 배열로 시작해, 생성된 틈에 다른 층을 배치함으로써 얻는 간단한 구성이 가장 좋다고 생각했다(p. 157, 상단 그림). 케플러는 이 방법이 사용할 수 있는 공간의 74퍼센트를 약간 넘게 사용하는 것으로 계산했다. 이것은 이 문제와 관련된 육각형 배열(p. 157, 하단 그림)과 동일하다.

이 두 가지가 실제로 가장 좋은 해결책임을 증명하기는 매우 어렵다. 2003년에야 컴퓨터를 사용해 다양한 특수 사례를 분석함으로써 철저한 증명이 이루어졌다.

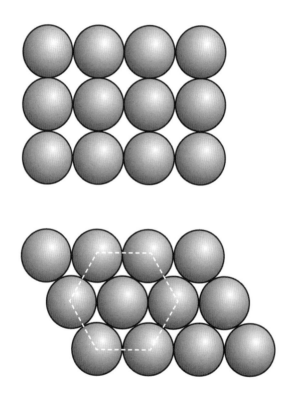

원추곡선

선과 평면을 포함하는 원추곡선은 그리스 기하학의 기본 요소이다. 원추곡선은 3차원 원뿔을 잘라 내면서 생기는데, 이때 기하학적으로 아름다운 곡선들이 나타난다.

원뿔의 축과 수직인 뾰족한 끝부분이 O인 경우,

- O를 통과하지 않는 수평면과 원뿔이 교차해 원이 형성된다.
- O를 통과하지 않는 원뿔과 평행한 평면과 원뿔이 교차해 포물선이 생성된다.
- 평면의 각도가 원뿔의 각도보다 큰 경우, O를 통과하지 않는 경사가 있는 평면과 원뿔이 교차해 타원이 형성된다.
- 평면의 각도가 원뿔의 각도보다 작으면 앞의 경우처럼 쌍곡선이 형성된다.

O를 통과하는 평면의 특별한 경우는 하나의 점이거나 하나 혹은 두 개의 직선이다.

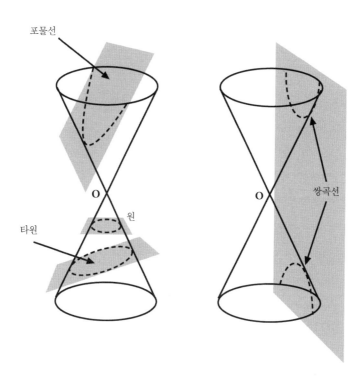

데카르트좌표

데카르트좌표는 임의의 원점에서 해당 점에 도달하는 방법을 설명하는 한 쌍의 수로 평면에서 점의 위치를 나타낸다. 19세기에 프랑스 철학자이자 수학자 르네 데카르트René Descartes가 도입했으며, 지도에 쓰이는 좌표계와 비슷하게 작동하기 때문에 기하학적 물체를 더욱 쉽게 논할 수 있다.

2차원 평면에서 점의 좌표는 (x, y)이다. 이 좌표는 x단위를 가로 방향으로 이동한 다음 세로로 y단위를 이동해야 얻을 수 있다. $(-1, -2)$와 같은 음수 점은 반대 방향의 움직임을 나타낸다.

마찬가지로 3차원에서는 세 개의 좌표 (x, y, z)가 점을 지정한다. 이를 통해서 우리는 다차원 공간을 시각화하기 어려워도, 수학자가 n좌표로 지정한 n차원 공간에 대해 쉽게 논할 수 있다는 사실을 알 수 있다.

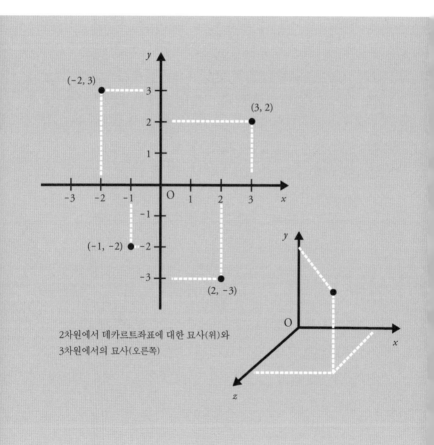

2차원에서 데카르트좌표에 대한 묘사(위)와
3차원에서의 묘사(오른쪽)

대수학

　기초적인 대수학은 기호로 표시된 양을 통해 수학적 표현을 다루는 기술이다. 반면 추상적 대수학은 군(p. 268)과 같은 수학적 구조에 대한 이론이다. 수 대신 기호를 사용하면 더 보편적인 작업도 가능하다. 대표적으로 x는 알지 못하거나 임의의 수를 표시할 때 쓰이는 가장 고전적인 방법이다. 이 접근을 통해 우리는 식을 다룰 수 있고 수량의 관계를 더 간략한 방법으로 쓸 수 있다.

　예를 들면, 3을 더하면 26을 산출하는 수를 찾으라는 질문이 있다. 당연히 우리는 직감적으로 이 문제에 접근할 수 있다. 하지만 수학적으로는 미지수를 표시하기 위해 글자 x를 사용해 이 문제를 $x + 3 = 26$으로 표현한다. 이 사소한 식을 통해서, 양쪽에서 3을 빼면 답을 찾을 수 있다는 사실을 알 수 있다. 다른 식으로 표현하자면 $x = 26 - 3$이다. 대수학은 이런 종류의 연산에 대한 학문인데, 물론 위에서 주어진 문제보다는 더욱 복잡한 과정을 포함한다.

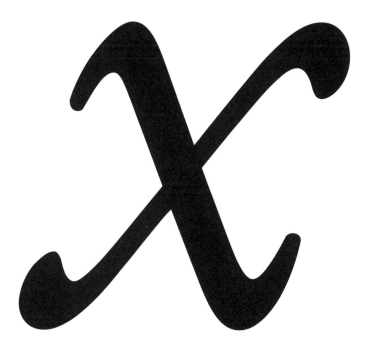

방정식

등식은 무언가가 다른 존재와 동일하다는 수학적
표현이다. 따라서 $2+2=4$는 등식이고, $E=mc^2$ 또는
$x+3=26$도 등식이다. 그런데 이들은 각각 미묘하게 다르다.
첫 번째는 항상 참인 항등식이다. 두 번째는 m과 c를 통해
E를 정의하는 관계다. 세 번째는 x의 특정 값에만 적용되는
방정식이다. 대부분의 대수 문맥에서 최소한 방정식의
한쪽은 x, y 또는 z로 표시되는 미지의 요소를 포함한다. 많은
대수학적 기술은 이러한 미지수를 찾기 위해 방정식을 풀고
해결하는 것과 관련이 있다.

과학, 경제, 심리학 및 사회학 분야와 같은 대부분의
양적quantitative 분야에서 방정식을 통해 실제 세계를 나타낸다.
예를 들면, 물리학에서 질량과 힘의 상호작용을 묘사하는
뉴턴의운동법칙(p.208)은 수와 미분을 포함하는 방정식으로
나타내며, 일부 경제 모형에서는 방정식으로 공급과 수요에
가격을 연관시킨다.

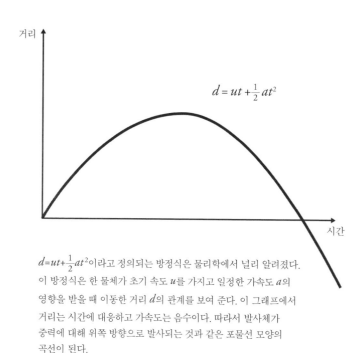

거리

$$d = ut + \frac{1}{2}at^2$$

시간

$d=ut+\dfrac{1}{2}at^2$이라고 정의되는 방정식은 물리학에서 널리 알려졌다.
이 방정식은 한 물체가 초기 속도 u를 가지고 일정한 가속도 a의
영향을 받을 때 이동한 거리 d의 관계를 보여 준다. 이 그래프에서
거리는 시간에 대응하고 가속도는 음수이다. 따라서 발사체가
중력에 대해 위쪽 방향으로 발사되는 것과 같은 포물선 모양의
곡선이 된다.

방정식 조작

　방정식은 단순화될 수 있는데, 어떤 경우에는 다양한 방법으로 조작해 문제를 풀이할 수도 있다. 또한 방정식을 표현하는 법칙들이 존재한다. 가장 많이 쓰이는 것 중 하나는 곱하기 기호를 쓰지 않는다는 것이다. 알려지지 않은 변수를 나타내는 다용도 기호인 x가 방정식에 널리 쓰이는 것을 고려하면, 이것은 적합한 법칙이다. 따라서 $x \times y$ 대신 xy라고 쓴다. $E = mc^2$이라는 표현은 $E = m \times c \times c$라는 의미이다. 하지만 혼란스러울 수 있는 표현을 명확하게 제시하기 위해서 괄호는 사용된다.

　$2 \times 3 + 5 \times 4$라는 표현은 모호하다. 여기서 정답은 연산을 어떤 순서로 하느냐에 따라 달라질 수 있다. 이때 연산 순서를 지시하기 위해 괄호를 사용한다. 괄호가 가장 많이 사용된 연산부터 시작한다. 따라서 $(2 \times 3) + (5 \times 4)$는 $2 \times (3 + 5) \times 4$ 그리고 $2 \times \{3 + (5 \times 4)\}$와 다른 결과를 도출하게 된다. 그런데 모든 경우에 괄호가 필요하지는 않다. 예를 들면, 결합 연산인 곱셈에서는 괄호가 필요 없다. 따라서 $a \times b \times c$는 $a \times (b \times c)$ 그리고 $(a \times b) \times c$와 같은 결과를 낸다.

대수 조작의 법칙

양변에 같은 수를 빼도 등식이 성립한다.
만약 $a + c = b + c$ 이면 $a+b$ 이다.

양변을 0이 아닌 같은 수로 나누어도 등식이 성립한다.
만약 $ac = bc$ 이고, $c \neq 0$ 이면, $a=b$ 이다.

분배법칙
$$ab + ac = a(b+c)$$

연립방정식

연립방정식은 다양한 미지수를 포함하는 방정식의 집합이다. 예를 들어 $2x + y = 3$, $x - y = 1$과 같이 두 개의 미지수를 포함하는 두 방정식이 연립방정식이 될 수 있다. 이 방정식을 함께 풀면 각각의 미지수를 찾을 수 있다.

대수 조작 규칙을 따라 두 번째 방정식을 재배치할 때, x를 $1 + y$로 표현할 수 있다. 첫 번째 방정식에서 x의 값으로 이를 대입하면 $2(1 + y) + y = 3$이라는 것을 알 수 있다. 따라서 $2 + 2y + y = 3$ 혹은 $2 + 3y = 3$이다. 이 식을 다시 쓰면 $3y = 3 - 2$, 결과적으로 $y = \frac{1}{3}$이라는 것을 알 수 있다. 두 번째 방정식에서 y의 값으로 이 값을 대입하면 x가 $\frac{3}{4}$이라는 것을 알 수 있다.

대체적으로 각각의 미지수에 대해 하나의 방정식이 필요하지만, 이것이 항상 답을 보장하는 것은 아니고 답이 하나라는 보장도 없다. 기하학적인 관점에서 위의 두 방정식은 선형이고 이 둘은 선을 나타낸다. 따라서 두 개의 선형 방정식을 풀이하는 것은 두 선의 교차점을 찾는 것과도 같다.

방정식과 그래프

방정식을 그래프로 표현하면 하나의 변수 값이 다른 변수가 변화할 때 어떻게 변화하는지를 알 수 있다. 이는 두 가지 변수를 포함하는 모든 방정식이 데카르트좌표의 x와 y의 관계로 그려질 수 있다는 이론에 기반을 둔다. 따라서 방정식은 식에서 결정된 x와 y의 값에 대응하는 곡선으로 해석될 수 있다.

방정식 $y = x^2$은 그림처럼 포물선 모양의 점들을 형성한다. 더 복잡한 방정식들은 이보다 더 복잡한 곡선을 형성하기도 하는데, x의 값에 따라 y의 값은 없거나 많을 수도 있다.

연립방정식이 동일한 축 위에 나타날 때 그 교차점은 두 방정식의 x와 y를 만족시키는 점이다. 따라서 연립방정식의 해답은 곡선의 교차점이 어디에 있는지에 대한 질문이기도 하다. 여기서 대수학과 기하학이 만나게 된다.

두 방정식을 통해 정의된 변수의 값을 찾는 것은 본질적으로
그래프 위의 교차점을 찾는 것과 같다.

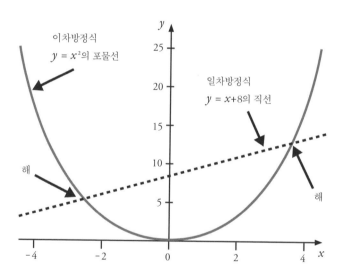

직선의 방정식

평면 위의 모든 직선은 a가 상수일 때 $x = a$로 표현된다. 이 경우는 특이한 경우로 y축에 평행선 직선으로 그려진다. 좀 더 일반적인 형식으로는 m과 c가 상수일 때 $y = mx + c$로 표현될 수 있다. 상수 m은 직선의 기울기를 나타내고 c는 직선이 y축을 만날 때의 y값을 나타낸다.

직선의 기울기는 선 위의 두 점으로 계산할 수 있다. 두 점의 높이의 차이를 두 점의 수평적 위치의 차이로 나눈 것이 기울기이다. 수학적으로는 주어진 두 구별된 점 (x_1, y_1)과 (x_2, y_2)에 대해 $m = \dfrac{y_2 - y_1}{x_2 - x_1}$라고 표현할 수 있다. 오른쪽에 그려진 그래프의 기울기는 $\dfrac{4}{5}$이다.

$x = a$와 $y = mx + c$가 둘 다 적절한 상수 r, s와 t를 갖고 있다면 $rx + sy = t$라는 좀 더 일반적인 형식으로 쓰일 수 있다. 연립 일차방정식에서 이와 같은 형식을 갖는 연립 선형방정식이 나타난다(p. 170).

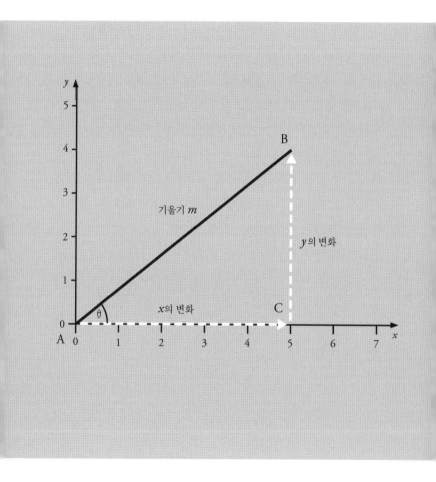

평면의 방정식

평면은 3차원 공간에 존재하는 2차원적인 평평한 표면이다. 평면의 방정식은 선의 방정식을 3차원에서 일반화한 것으로, $ax + by + cz = d$라고 표현한다. 이때 a, b, c와 d는 상수이고 a, b와 c 중 적어도 하나는 0이 아니어야 한다. 3차원에서는 추가적으로 변수 z가 세 번째 방향을 표현하기 위해 필요하다.

$a = b = 0$인 특별한 경우에는 방정식은 $cz = d$ 혹은 $z = \dfrac{d}{c}$로 환원될 수 있다. c와 d가 상수이기 때문에, z 또한 상수이고 이 평면은 일정한 높이 z에 존재하는 수평적 평면이다. 이 평면 위에서 x와 y는 아무 값이나 가질 수 있다.

세 개의 연립 선형 방정식에 존재하는 세 개의 변수의 해는 세 평면의 교차점이다. 이 경우 보통 해는 점으로 나타나지만, 두 평면이 평행하고 겹치지 않을 경우에는 해가 없고, 어떤 경우에는 해가 선이거나 평면으로 존재하기 때문에 무한히 많은 해를 가질 수 있다.

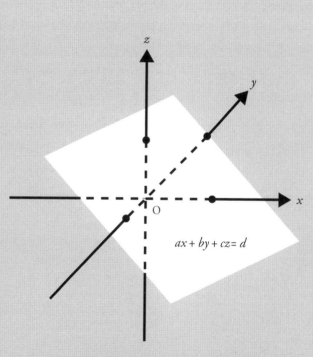

$$ax + by + cz = d$$

평면은 3차원적 공간에서 방향을 가지는 2차원적 대상이다.
여기서 x축은 수평선을 상징하고 z축은 수직선을 상징하고
y축은 종이의 평면에 대해 수직이다.

원의 방정식

　원은 주어진 점으로부터 일정한 거리를 갖는 점의
집합으로 정의된다. 원은 방정식의 형식을 통해 대수학적
용어로 기술될 수도 있다.

　만약 원의 중심이 데카르트좌표의 원점으로 정의된다면,
피타고라스의정리를 통해 원의 둘레 위의 임의적인 점의
좌표 (x, y)를 찾을 수 있다. 원의 중심을 (x, y)와 잇는 모든
반지름 r은 x와 y를 변으로 갖는 삼각형의 빗변으로 여겨질
수 있다.

　정의된 반지름 r에 대해, $x^2 + y^2 = r^2$이라는 식을 쓸 수
있다. 원은 이 조건을 충족하는 좌표들을 갖는 점의 집합으로
표현할 수 있다. 이것이 원의 방정식이다. 이것이 다양한
원추곡선에서 나오는 방정식의 출발점이 된다.

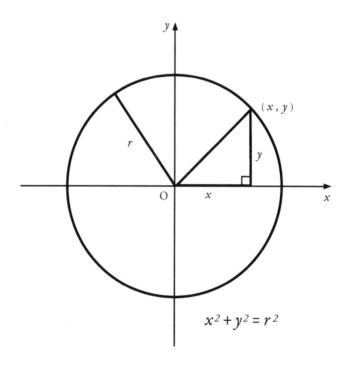

$$x^2 + y^2 = r^2$$

포물선

　　포물선은 원뿔의 표면과 평행한 평면을 원뿔과 교차시킬
때 얻는 원추곡선 중 하나이다. 포물선은 하나의 최댓값이나
최솟값을 갖고 있고, 대수학적으로는 한 변수 y가,
$y = ax^2 + bx + c$로 표현되는 2차함수와 동일한 방정식으로
정의된다.

　　가장 간단한 예는 $y = x^2$이다. x^2에 양수와 음수의 값을
넣으면 항상 0보다 크기 때문에 $x = 0$일 때 y는 가장 작은 값
0을 갖는다. 또한 x의 값이 커질수록 x^2도 커진다.

　　포물선은 일정한 가속도를 받는 사물의 움직임을 표현할
때 유용하다. 가속하는 사물이 움직인 거리는 사물이 움직인
시간의 제곱에 비례한다. 예를 들어, 대포알과 같은 발사체의
이상적인 탄도는 항상 x의 방향을 향해 동일한 속력을
갖는데, 아래쪽으로 향하는 y 방향의 중력 때문에 가속도의
영향을 받는다.

원추곡선의 방정식

　원추곡선은 기하학적으로 서로의 꼭짓점들이 맞닿아 있는 두 개의 원뿔들과 평면이 교차할 때 생긴다. z축을 중심으로 대칭을 이루는 이러한 원뿔의 대수학적 공식은 $|z|=x^2+y^2$과 같이 표현된다. 여기에서 $|z|$는 z의 절댓값이다. 즉 z가 양수일 때는 $|z|$가 z이고 z가 음수일 때는 $|z|$는 $-z$이다. 절댓값은 음수가 될 수 없고, z의 크기를 나타낸다.

　수평면의 z좌표는 상수이다. 예를 들어 수평면의 상수가 c이고 수직의 원뿔과 교차할 때는 $x^2+y^2=|c|$라고 표현할 수 있다. 이것은 원의 방정식에서 반지름이 $\sqrt{|c|}$일 때와 동일하다. 수직 평면과 교차할 때는 y좌표가 상수가 되기 때문에 $x^2+c^2=|z|$가 된다. 이것은 z가 0보다 작을 때의 포물선과 z가 0보다 클 때 포물선의 방정식이다.

　타원과 쌍곡선은 기울어진 평면과 교차할 때 생긴다. 만약 평면이 하나의 폐곡선 위에서만 원뿔을 자른다면 결과는 $\frac{x^2}{a^2}+\frac{y^2}{b^2}=1$의 식을 갖는 타원이 된다. 그러나 두 번 자른다면 한 쌍의 쌍곡선이 나오는데 식은 $\frac{x^2}{a^2}-\frac{y^2}{b^2}=1$이다.

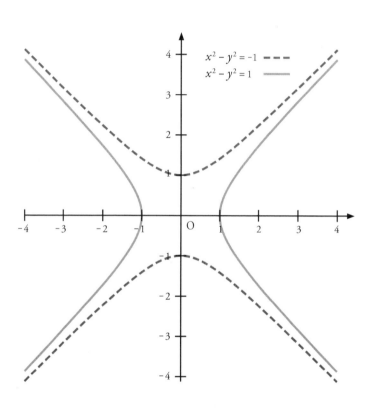

$x^2 - y^2 = -1$

$x^2 - y^2 = 1$

타원

타원은 서로의 꼭짓점이 맞닿아 있는 두 개의 원뿔이 기울어진 평면과 교차할 때 생기는 원추곡선이다. 이 두 원뿔은 $|z| = x^2 + y^2$의 방정식으로 나타낸다. 만약 기울어진 평면이 하나의 곡선 위에서만 원뿔을 자른다면 결과는 $\frac{x^2}{a^2} + \frac{y^2}{b^2} = 1$이다. 상수 a와 상수 b는 타원의 축의 길이와 연관이 있다.

만약 $a > b > 0$이라면, 타원의 초점들 foci은 타원의 중심 축 위에 있는 두 점이다. 이 경우에 x축에 위치하며 중심에서 $\sqrt{a^2 - b^2}$만큼 떨어져 있다. 타원은 두 초점과 또 하나의 점으로 형성되는 삼각형들의 둘레 값을 일정하게 만드는 점들의 집합이라고 정의할 수 있다. 1609년에 독일의 천문학자인 요하네스 케플러는 행성의 궤도에 대해, 태양을 하나의 초점으로 한 타원으로 나타낼 수 있다는 사실을 발견했다. 일반적으로 타원으로 궤도 안의 인공위성처럼 중력장 안에 있는 사물의 움직임을 설명할 수 있다.

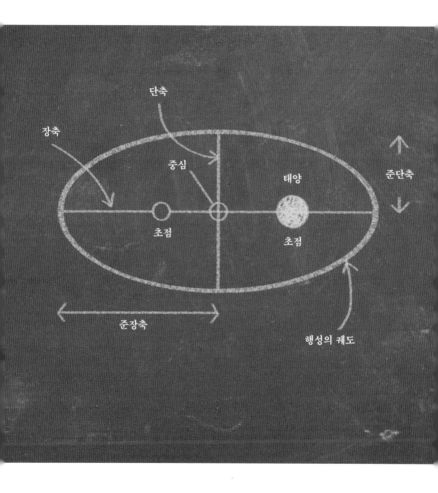

다항식

다항식은 $a_0, a_1, a_2, \cdots\cdots$가 상수일 때
$a_0 + a_1 x + a_2 x^2 + \cdots\cdots + a_n x^n$의 형식을 갖는 수학적 표현이다.
다항식은 또한 정수를 거듭제곱으로 갖는 유한급수라고
말할 수 있다(p. 80). 다항식에서 가장 높은 거듭제곱은 차수로
불린다. 차수가 2인 다항식은 x^2까지 올라가고, 이것을
이차다항식quadratic이라 부른다. 차수가 3차인 것은 x^3까지
올라가고 이것은 삼차다항식cubic이라 부른다. 차수가 1차인
다항식은 선형 다항식linear이라 불리는데, 일차다항식의
그래프는 직선이기 때문이다. 다항식의 해zeros는 다항식을
왼쪽에 두고, 0을 오른쪽에 둔 등식에 대한 해이다.

다항식은 많은 함수에서 유용한 국소적 근사치이다. 또한
다항식은 물리학과 화학에서부터 경제학과 사회과학에
이르기까지 다양한 분야에서 응용된다. 수학에서 다항식은
나름의 중요성을 가진다. 예를 들어 행렬(p. 258)의 성질을
기술하거나 매듭 불변량(p. 368)을 만들 때 중요한 역할을 한다.
다항식은 또한 추상대수학의 큰 부분을 차지한다.

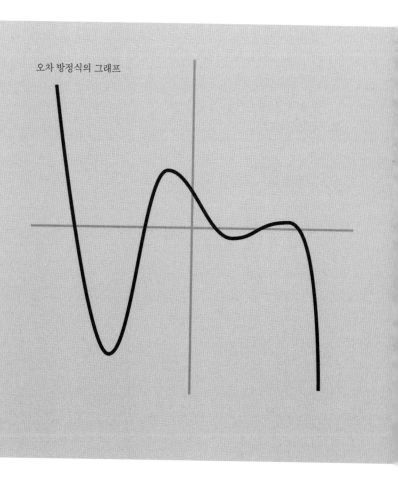

오차 방정식의 그래프

이차방정식

이차방정식은 변수의 제곱까지 항을 포함하는 방정식이므로, 이차다항식의 해를 구하는 방정식이다. 기하학적으로 말하자면 포물선과 x축($y = 0$)의 교차점이다. 이차방정식의 일반적인 형식은 $ax^2 + bx + c = 0$이며 이때 a는 0이 될 수 없다.

만약 $b = 0$이라면 이차방정식을 쉽게 풀 수 있다. $ax^2 + c = 0$을 재배열하면 $ax^2 = -c$ 혹은 $x^2 = -\frac{c}{a}$가 나오므로, 구하는 해는 $x = \pm\sqrt{-\frac{c}{a}}$ 이다. $\pm$ 기호는 양의 해와 음의 해가 동시에 존재한다는 사실을 나타낸다. 여기서 나오는 해를 제곱하면 모두 동일한 결과인 $-\frac{c}{a}$를 낸다. 물론 $-\frac{c}{a}$가 음수라면, 실수 제곱근을 찾을 수 없다.

이보다 일반적인 논증을 통해서 유명한 공식을 도출해 낼 수 있다(p. 187). 여기서 $b^2 - 4ac$의 양은 판별식이라 불리는데, 이는 방정식이 얼마나 많은 실수해를 가졌는지 알려 준다.

$$x = \frac{-b \pm \sqrt{b^2 - 4ac}}{2a}$$

삼차, 사차, 오차방정식

　삼차다항식은 가장 높은 차수가 3인 다항식이다. 사차와 오차다항식은 변수가 4와 5제곱까지 올라가는 다항식이다. 이차방정식이 하나의 변곡점을 가지는 포물선을 형성하듯, 고차방정식은 대체로 자신의 차수보다 하나 적은 수의 변곡점을 가지는 곡선으로 정의된다. 삼차다항식의 곡선은 두 개의 변곡점을 가지고, 사차다항식은 세 개의 변곡점을 가지며, 이러한 패턴이 계속 이어진다.

　기초적인 함수를 통해 고차방정식의 해를 구하는 것은 이차방정식의 해를 구하는 것보다 훨씬 어렵다. 삼차방정식의 해는 16세기 이탈리아에서 발견되었고, 이 방정식에는 실수인 해가 한 개, 두 개 혹은 세 개가 존재한다는 것이 밝혀졌다. 그 뒤 기발한 방법을 통한 사차방정식의 풀이도 등장하게 되었다. 오차방정식은 1820년대까지 풀리지 않았는데, 그 이후 사차를 초과하는 다항식은 일반적인 해가 없다는 사실이 증명되었다.

/ Cubics, quartics and quintics

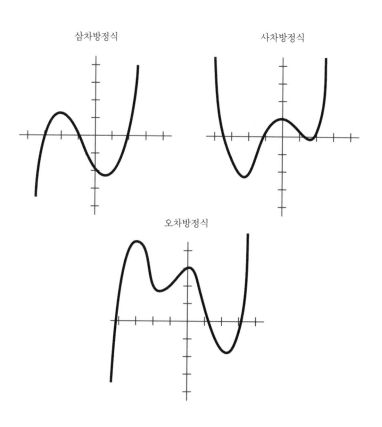

삼차방정식   사차방정식

오차방정식

대수학의 기본정리

기본정리는 수학의 한 분야에서 특별한 깊이와 중요성을 갖는다고 여겨지는 결론이다. 대수학의 기본정리는 일반적인 다항식의 해를 설명하고, 이차방정식과 삼차방정식까지 실수해의 수가 n차 다항 방정식의 n에 의해 제한된다는 사실을 확인해 준다. 대수학의 기본정리는 실수 계수를 넘어 복소수 계수를 포함하는 다항식을 이해할 수 있도록 도와준다(p. 288).

기본정리는 소인수분해(p. 30)와 유사한 방식으로 다항식의 인수분해를 가능하게 만든다.

$$a_0 + a_1 x + a_2 x^2 + \cdots\cdots + a_n x^n$$

기본정리는 이 식을 n항의 곱으로 표현하도록 허용한다.

$$a_n (x + z_1) \cdots\cdots (x - z_n)$$

이때 $z_1 \cdots\cdots z_n$은 복소수인데 이 중 어떤 수는 허수 부분이 없는 실수로만 이루어지기도 하다. 만약 다항식의 계수

a_i가 전부 실수라면 허수 부분이 0이 아닌 복소수들은 켤레복소수가 된다(p. 290).

만약 다항식이 0이라면 괄호 안의 항 중 적어도 하나는 0이 되어야 하고 그 반대도 동일하다. 따라서 이 공식은 n차 다항식이 n개의 해나 근을 가지고 있다는 것을 말해 준다. 이 중 어떤 것들은 반복되거나 실수가 아닐 수도 있다. 중근repeated root은 $(x - a)^2 = 0$에서와 같이 a라는 하나의 해를 가지며 두 개의 괄호에서 반복되는 것처럼, 한 번을 초과해 등장하는 경우를 말한다.

독일의 위대한 수학자인 가우스Karl Gauss가 1799년에 처음으로 이 정리를 증명했다. 가우스의 증명에도 허점이 있었다고 전해지지만, 1920년에 완벽히 증명되었다.

함수

함수는 수학적인 변수들 사이의 관계를 나타낸다. 입력된 값을 계산해 함숫값을 산출해 내는 것이다. 예를 들어, $f(x) = x + 2$라는 함수는 x라는 수를 입력하면 x보다 2가 더 큰 수를 낸다. 조금 더 복잡한 함수로는 삼각함수, 다항식, 멱급수 등이 있는데, 변수의 함수적 관계를 상정하지 않고는 수학적 계산을 하기가 매우 어렵다.

함수는 x의 모든 값에서 정의될 필요는 없다. f의 정의역domain이라 불리는 것은 특정 x 값의 부분집합일 수 있다. 함수에서 함숫값의 집합을 f의 치역range이라 부른다. 정의역의 부분집합을 함수에 입력했을 때 나오는 실제 출구의 모음을 상image이라 부른다.

함수는 무척 중요하지만, 사실 매우 적은 수의 기초적인 함수만 간단하게 정의되고 실제로 사용된다. 다른 대부분의 함수들은 근사치로 나타낸다.

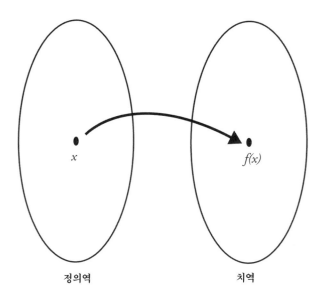

함수는 정의역이라 불리는 집합의 원소인 x를 이에 대한 함숫값 $f(x)$로
사상시킨다. 그리고 이 함숫값의 공간을 치역이라 부른다.

지수함수

지수함수는 항등 함수인 x와 함께 수학에서 아마도 가장 중요한 함수일 것이다. $\exp(x)$라 쓰이는 지수함수는 항상 양이고 x가 음수로 무한해질수록 0에 가까워지며, x가 무한에 가까워질수록 무한대로 발산한다. $y = \exp(x)$의 그래프는 x가 커질수록 접선의 기울기가 급격히 커진다. 지수함수에서 그래프의 접선의 기울기는 함숫값과 같다.

지수함수를 통해서 방사성붕괴, 전염병 및 복리이자와 같은 다양한 현상의 양상을 표현할 수 있다. 그리고 지수함수는 다양한 함수들의 기본 요소이다. $\exp(x)$는 때때로 e^x로 표현되기도 하는데, 이것은 오일러의 상수 x를 거듭제곱한 것으로 다음과 같은 멱급수로 나타낸다.

$$1 + x + \frac{1}{2i}\,x^2 + \frac{1}{3i}\,x^3 + \frac{1}{4i}\,x^4 + \cdots\cdots$$

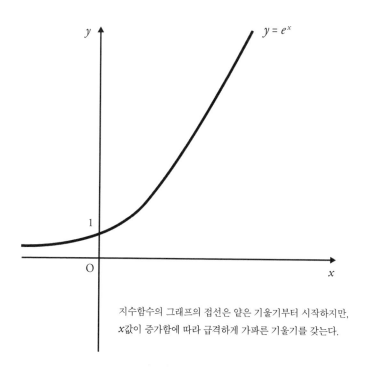

$y = e^x$

지수함수의 그래프의 접선은 얕은 기울기부터 시작하지만,
x값이 증가함에 따라 급격하게 가파른 기울기를 갖는다.

역함수

역함수는 다른 함수의 작용을 역행하는 함수이다. 예를 들면, $f(x) = x + 2$의 역함수 $f^{-1}(x)$는 $f^{-1}(x) = x - 2$이다. 역함수의 그래프는 원래 함수의 그래프를 대각선 $y = x$에 반사했을 때 나타난다.

항등 함수 x의 역함수는 x 자신이다. 지수함수의 역함수는 자연로그이다(p.44). $\ln(x)$로 표현되는 x에 대한 자연로그는 상수 e에 몇 제곱을 해야 x가 되는지에 대한 답이다. 자연로그는 면적을 계산할 때도 사용이 된다. 따라서 적분에서도 사용이 되는데, $\ln(n)$은 1부터 n까지의 정의역에서 곡선 $y = \frac{1}{x}$ 아래의 면적이다.

함수 $\ln(x)$가 가진 여러 가지 흥미로운 특징들 중 하나는 바로 이것이 x보다 작은 소수가 몇 개 존재하는지 추측하는 데 쓰인다는 점이다(p.392).

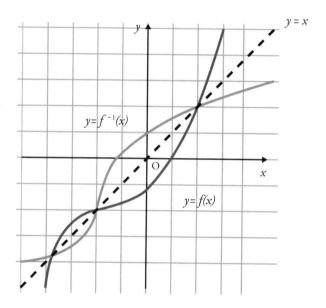

함수와 그에 대한 역함수의 그래프이다.
역함수는 원 함수가 대각선인 $y=x$를 기준으로 반사한 상과 같다.

연속함수

함수의 그래프를 그릴 때, 종이에서 펜을 떼지 않고 그릴 수 있으면 연속성을 가진 것이다. 이와 반대로 비연속적인 함수를 그리려면, 종이에서 펜을 떼야만 가능하다. 연속성은 함수에 큰 영향을 끼치므로 연속함수에 대해 일반적인 명제를 만들 수 있다.

함수가 연속적이라면 얼마나 그 함수가 빠르게 변하는지 질문할 수 있다. 변수의 변화가 적을 경우 보통 함숫값의 변화도 크지 않다. 또한 x에 굉장히 가까운 값을 설정함으로써 함숫값의 변화도 원하는 만큼 작게 만들 수 있다.

이런 접근은 수열과 급수의 극한을 찾는 방법과 유사하다(p.82). 그리고 이 사실은 결코 우연이 아니다. 한 점 x에 대한 연속성의 정의는 다음과 같다. x에 수렴하는 수열의 점들을 함수에 대입해서 나온 또 다른 수열이 x의 함숫값 $f(x)$에 수렴할 때, 함수가 x에서 연속성이 있다고 정의한다.

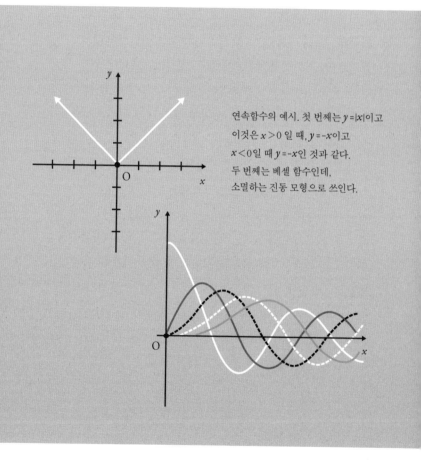

연속함수의 예시. 첫 번째는 $y=|x|$이고
이것은 $x>0$ 일 때, $y=-x$이고
$x<0$일 때 $y=-x$인 것과 같다.
두 번째는 베셀 함수인데,
소멸하는 진동 모형으로 쓰인다.

삼각함수

　기초적인 삼각함수에는 사인, 코사인, 탄젠트 함수가 있다. 이것을 우리는 $f(x) = \sin x$, $f(x) = \cos x$, $f(x) = \tan x$라고 표기한다. 기하학에서 $f(x)$의 값은 직각삼각형의 각과 변을 구하는 공식으로 구할 수 있다. 그리고 이런 함수들은 기하학을 사용해서 각의 모든 실제 값에 대해 정의하도록 확장시킬 수 있다. 이 사실은 삼각함수의 적용을 기하학 분야 너머로 넓힐 수 있다는 걸 암시한다.

　사인함수 및 코사인함수를 그래프로 나타내면 일정한 패턴이 등장하며 2π 혹은 360도마다 반복된다. 이런 반복적인 패턴을 가진 함수들을 주기함수라고 부른다. 이러한 함수들은 소리나 광파처럼 진동하는 물리학적 현상을 연구하는 데 유용하게 쓰인다.

　사인함수는 홀함수odd function로, $\sin(-x) = -\sin x$이다. 반면에 코사인함수는 짝함수even function로, $\cos(-x) = \cos x$이다. 두 함수의 결과 값은 항상 +1과 −1 사이에 있다.

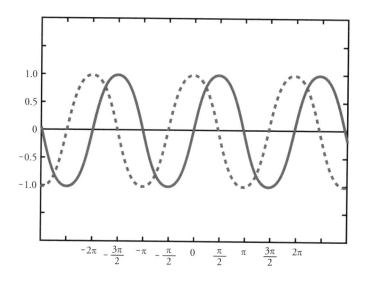

위의 그래프는 sin x 함수(진한 선)와 cos x 함수(점선)가
삼각형 각의 극한을 넘어서는 것을 보여 준다.

중간값 정리

중간값 정리는 종이에서 펜을 떼지 않고 연속함수를 그릴 수 있다는 발상을 공식으로 옮긴 것이다. 중간값 정리에 따르면, 모든 연속함수에서 두 점 사이에서의 함숫값 사이에 있는 값을 함숫값으로 가지는 점이 그 두 점 사이에 반드시 존재한다. 다른 말로 하면, 가능한 함숫값을 생략하는 경우는 없다는 뜻이다. 예를 들면 10과 20이라는 변수가 20과 40이라는 함숫값을 출력할 때, 중간값 정리에 따르면 20과 40 사이에 있는 모든 함숫값에 대응하는 변수가 10과 20사이에 존재한다. 이때 중간값 정리는 모든 연속함수에 적용되지만 많은 불연속함수에도 적용될 수 있다는 점을 유념해야 한다.

중간값 정리는 방정식의 값에 대한 존재 여부를 증명하는 데에도 사용된다. 또한 중간값 정리는 햄 샌드위치 정리ham sandwich theorem의 중요한 부분이다. 햄 샌드위치 정리는 두 조각의 빵 사이에 끼워진 한 장의 햄을 단 한 번의 칼질로 반으로 자를 수 있다는 내용을 담고 있다.

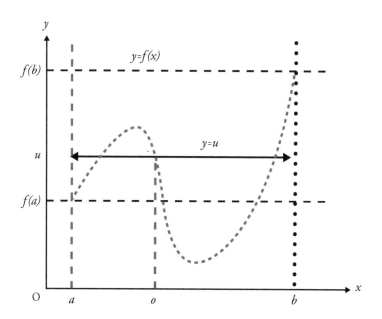

f(a)과 f(b) 사이의 모든 값 u에서 a와 b 사이에 존재하는 x의 값이 최소한 하나 이상 존재한다. 그러므로 f(x)=u가 성립한다. 이 다이어그램에서는 u를 선택할 때, u에 대응하는 x가 세 개 존재한다.

미적분학

미적분학은 변화를 연구하는 수학이다. 미적분학의 근본적인 개념 두 가지는 미분(변화율)과 적분(물체의 변화의 합)으로, 함수의 무한히 작은 변화와 극한을 다룬다. 미적분은 수학적 모델링mathematical modelling의 근본적인 도구인데, 속도나 가속도와 같은 변화율을 수학적 형태로 나타낼 수 있다.

미적분을 지탱하는 사실 하나가 있다. 바로 여러 함수에서 출력과 입력의 작은 변화에는 정확한 상관관계가 존재한다는 사실이다. 미적분의 존재는 이 관계에 기반을 둔다. 그리고 대부분의 고전 응용수학에서 미적분과 함수가 중요한 역할을 한다. 액체의 파동, 역학의 진동, 행성의 움직임, 조개의 무늬, 어류의 성장, 화학적 변화 및 산불과 같은 다양한 현상을 모두 미적분을 이용해서 나타낼 수 있다.

미적분으로 만든 수학 모형을 이용하면
청자 고등류처럼 아름다운 조개류에 있는
무늬가 어떻게 생성되는지 나타낼 수 있다.

변화율

    함수의 변화율은 그래프를 이용해서 구한다. 함수의
그래프의 접선의 기울기가 가파른 경우, 함숫값이 급격하게
변화한다. 반면 함수 접선의 그래프의 기울기가 낮은 경우,
함숫값은 더 느리게 변화한다. 이 사실을 현실 세계의 언덕과
계곡에 비유하기도 한다. 이 비유에서 기울기가 크다는 것은
수평거리의 함수에서 고도가 급격히 변화한다는 뜻이다.

    직선의 기울기는 상수인데, 직선의 방정식
$y = mx + c$ (p.172)에서 m으로 표기한다. 이보다 일반적인
그래프에서는 한 점의 기울기를 그 점에서 그래프와 닿는
접선tangent line의 기울기라고 표현한다.

    점과 그래프 위의 다른 가까운 점들을 이어서 극한이
있는지 보고 기울기의 근사치를 계산할 수 있다. 이때
기울기가 실제로 존재한다면, 그 점의 도함수derivative라고
칭한다. 도함수는 어떤 점을 선택하느냐에 따라서 값이
달라진다.

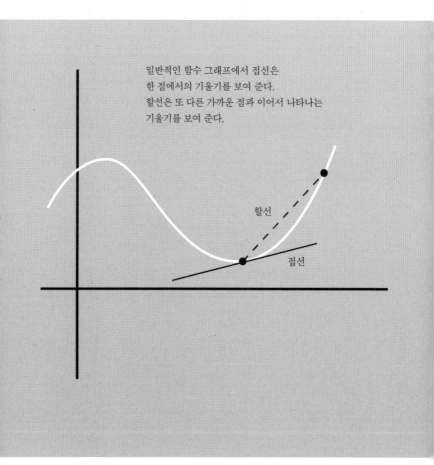

일반적인 함수 그래프에서 접선은
한 점에서의 기울기를 보여 준다.
할선은 또 다른 가까운 점과 이어서 나타나는
기울기를 보여 준다.

할선

접선

미분

미분은 미적분의 주요 개념으로 방정식을 이용해서 함수의 접선의 기울기를 계산하는 방법이며, 특정한 점에서의 변화율을 구하는 방법이다.

두 개의 변수 사이 가장 간단한 관계는 직선이다. 이 직선은 $f(x) = mx + c$인데, 이때 m이 기울기를 나타낸다. x축의 x_0값을 고정시키면 임의의 점 x에서 함수의 기울기는 x와 y의 변화 혹은 $f(x)$의 방향과 관련이 있다. 이 값들은 $x - x_0$, $f(x) - f(x_0)$이라고 나타낸다. 점 x_0에서 기울기를 찾는 것은 x가 x_0에 한없이 가까워질 때, $f(x) - f(x_0)$와 $m(x - x_0)$가 거의 같아지는 m의 값을 찾는 문제와 같다.

만약 x가 x_0으로 가면서 기울기가 m인 극한이 존재한다면, 함수 f가 x_0에서 미분할 수 있다고 말한다. 이때 극한은 x_0에서 f의 도함수라고 한다. 만약 f를 미분할 수 있다면 m의 값은 x_0의 값이 변할 때 함께 변화한다. 다른 말로 표현하자면, x의 새로운 함수를 창조한 것이다. 이것을 f의 도함수라 칭하며, $\frac{df}{dx}$ 혹은 $f'(x)$라고 표기한다.

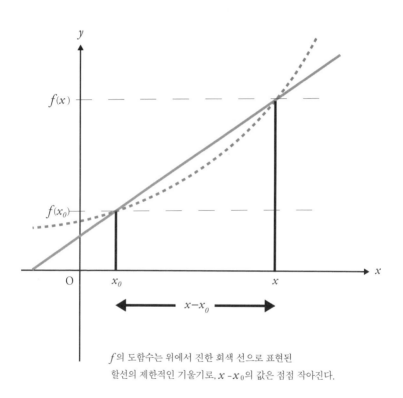

f의 도함수는 위에서 진한 회색 선으로 표현된
할선의 제한적인 기울기로, $x - x_0$의 값은 점점 작아진다.

민감도 분석

연구자들은 민감도 분석을 통해서 변화율과 변화율의 중요성을 이해한다. 민감도 분석의 한 사례로는 연금 정책이 있다. 연금 정책을 고려할 때는 현재 자산과 미래의 부채 사이에 균형을 맞추어야 한다. 재산과 부채가 특정 이자율에서 균형이 맞아도, 미래에 작은 변화가 생기면 이자율이 급격하게 변화할 수 있다. 민감도 분석의 다른 사례는 고용 형태, 기후 모형과 화학적반응이 있다.

도함수가 크다는 것은 변화율도 크다는 것을 의미한다. 하지만 원래 수량이 아주 큰 경우, 큰 변화가 생겨도 별일이 아닐 수 있다. 반대로 원래 수량이 아주 작았을 때는 작은 변화가 더 중요한 결과를 일으킬 수 있다. 그러므로 우리는 상황에 따라 적절히 점검해야 한다. 그러기 위해서 함수의 도함수와 그 값을 동시에 알아야 한다. 그러려면 함수의 지속성duration을 이용해야 한다. 지속성은 현재 값에서 작은 변화가 생겼을 때 함수 값에 대한 상대적 변화를 나타낸다. 이 값은 또한 함수의 탄성elasticity과도 연관이 있다. 함수의 탄성은 기울기가 1차함수의 기울기에 비해 얼마인지 알려 준다.

지구온난화 예측

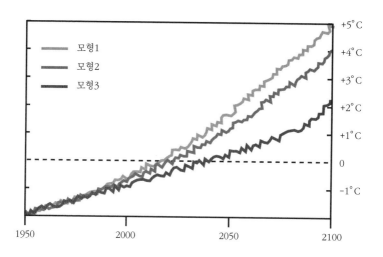

다가오는 한 세기 동안의 지구온난화를 예측한 세 개의 그래프인데, 민감도 때문에
서로 무척 다른 결과물을 보여 주고 있다. 이 차이는 모형의 성향 때문에 발생한다.

미분의 계산

함수 $f(x) = x^n$의 도함수는 다음과 같은 공식으로 구할 수 있다.

$$f'(x) = nx^{n-1}$$

여기서 n은 x의 원래 값의 지수이다. 그러므로 x^2의 도함수는 $2x$이고 x^5의 도함수는 $5x^4$이다. 오른쪽에 비슷한 사례를 나열해 두었다.

만약 함수 $f'(x)$의 도함수를 구할 수 있다면, 이 과정을 반복해 f의 이계도함수second derivative를 구할 수 있다. 그 과정은 다음과 같다.

$$f''(x) = n(n-1)x^{n-2}$$

이 공식을 반복해 도함수의 도함수를 구한다. 함수 $f(x)$의 n계도함수는 $f^{(n)}(x)$로 표기한다.

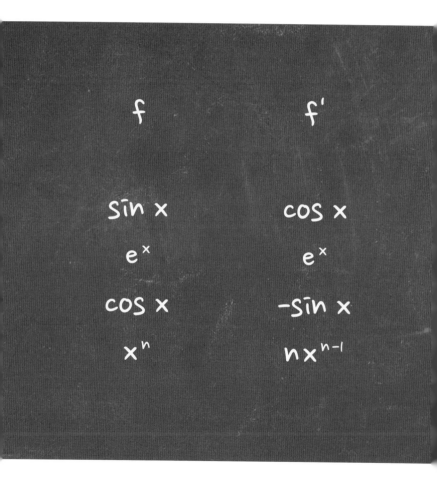

함수의 결합

함수를 결합해서 새로운 함수를 만들려면 크게 두 가지 방법이 있다. 두 함수 $f(x)$와 $g(x)$의 곱은 두 함수의 값들을 곱해서 얻고, 이때 함수 $f(x)g(x)$가 나온다. 예를 들면, 함수 $f(x) = x^2$과 함수 $g(x) = \sin(x)$를 곱하면 함수 $x^2 \sin x$가 된다.

두 함수의 합성composition은 두 함수를 연속적으로 적용해 $f(g(x))$를 얻는 과정인데, 가끔 함수의 함수라고도 불린다. 위에 제시된 예를 보면, $f(g(x))$는 $f(\sin x)$ 혹은 $\sin x$의 제곱이 된다. 이는 함수를 반대 순서로 결합시키는 것과는 다르다. 왜냐하면 $g(f(x))$는 $\sin x^2$이기 때문이다.

다음 페이지에 등장하는 곱 규칙과 연쇄 법칙을 사용해서 곱한 값과 합성한 값의 도함수를 구한다. 두 규칙은 함수의 도함수가 존재할 때만 성립한다. 몫의 규칙은 한 함수가 다른 함수로 나뉜 것의 도함수를 나타내는데, 이는 곱 규칙과 연쇄 법칙의 직접적인 결과물이다.

$$곱규칙$$

$$\frac{d}{dx} u(x)v(x) = u'(x)v(x) + u(x)v'(x)$$

$$\text{e.g.} (x \sin x)' = \sin x + x \cos x$$

$$연쇄\ 법칙$$

$$\frac{d}{dx} u(v(x)) = v'(x)u'(v(x))$$

$$\text{e.g.} \left(\sin \left(\frac{1}{3}x^3 - x \right) \right)' = (x^2 - 1)\cos \left(\frac{1}{3}x^3 - x \right)$$

$$몫의\ 규칙$$

$$\left(\frac{u(x)}{v(x)} \right)' = \frac{u'(x)v(x) - u(x)v'(x)}{v(x)^2}$$

적분

적분의 과정은 대략 그래프 아래의 넓이를 구하는 것과 같다. 그러나 축 아래의 넓이는 차감하게 된다. 두 점 a와 b 사이에 곡선이 있다고 가정하자. 만약 곡선 아래 영역을 얇은 조각들로 나누면, 조각 각각의 넓이는 그 점의 함수의 값과 그 조각의 폭을 곱한 것과 어느 정도 비슷하다.

이 넓이를 모두 더하면 곡선 아래 전체 넓이의 근삿값을 구하게 된다. 이 과정에서 더욱 많은 개수로 조각들을 나눌수록 마지막 답이 더욱 정확해진다. 만약 조각의 폭이 0에 가까워지면서 극한이 존재한다면, 이는 a와 b 사이의 함수의 적분이라 불린다. 이때 a는 b보다 작으며, 다음과 같이 나타낸다.

$$\int_a^b f(x)\,dx$$

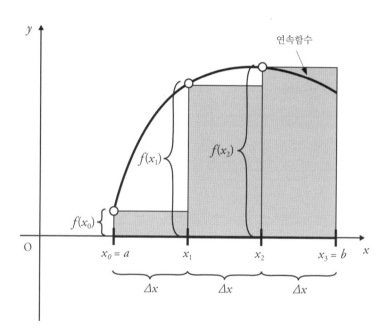

적분은 $f(x)$로 나타내는 그래프 아래의 넓이를 구하는 방법이다.
이는 Δx의 폭을 가진 조각들의 넓이의 급수로 보인다.
이때 Δx는 0에 가까워진다.

미적분학의 기본정리

 미적분학의 기본정리에 따르면 적분은 미분과 정반대이다.
이는 함수 f 의 적분이 새로운 함수 $F(x)$ 라는 사실을 이용한다.
여기서 $F(x)$ 는 적분의 위 끝 함수이고, 아래 끝은 정의되지
않은 상태이다. 그러므로 $F(x) = \int^x f(u) du$ 인 셈이다. 전통적인
방법에서 이는 종종 $F(x) = \int f(x) dx$ 로 표기된다. $F(x)$ 는
부정적분indefinite integral이며, 아래 끝이 정의되지 않았으므로
이는 하나의 상수만큼 정의된다. 이것을 적분상수constant of
integration라고 부른다.

 $F(x)$ 의 변화는 곡선 아래 영역의 변화를 나타낸다. 이것은
위 끝의 작은 변화들 때문에 나타난다. 상수의 도함수는
0이므로, 함수 $F(x)$ 의 도함수는 적분상수에 영향을 받지
않는다. 그리고 이는 원시함수인 $f(x)$ 와 같은 것으로
나타난다. 그러므로 $F'(x) = f(x)$ 이고, 이것이 미적분학의
기본정리이다. 이는 $\int f'(x) dx = f(x) + c$ 라는 결과로 이어지며
이때 c 는 적분상수이다. 적분을 구하는 데 유용하게 쓰이는
방법이다.

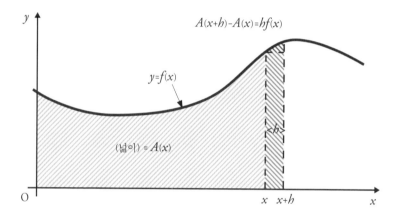

$$A(x+h) - A(x) = hf(x)$$

$y = f(x)$

(넓이) = $A(x)$

<h>

O x $x+h$ x

미적분학의 기본정리를 기하학적으로 증명한 것이다. 가늘게 쪼갠 부분의 넓이는 $h \times f(x)$, 혹은 함수가 $A(x)$일 경우 $A(x+h) - A(x)$로 표기할 수 있다. 이것을 방정식으로 표기하고 양쪽을 h로 나누면 h가 0에 가까워질수록 $f(x) = A'(x)$의 결과가 나온다.

적분과 삼각함수

  x의 몇몇 기본 함수의 적분은 삼각함수와 관련이 있다.
이는 삼각함수가 수학에서 얼마나 중요한 역할을 하는지
보여 준다. 만약 삼각함수가 기하학에서 삼각형〔p.132〕변의
비율로 발견되지 않았다면, 삼각함수는 미적분을 통해서
발견되어야 했을 것이다. 미적분을 통해서는 다음과 같이
상대적으로 간단한 함수의 적분을 이용했을 것이다.

$$\int \frac{1}{1-x^2}\,dx = \tan^{-1}x + c$$

  또 다른 예시가 있는데, 정반대의 경우를 보여
준다. 여기서 $\tan^{-1}$는 탄젠트 함수의 역함수로, 이를
역탄젠트라고 부른다. 이와 비슷하게 $\sin^{-1}$은 사인함수의
역함수로, 역사인이라고 부른다. 역함수라고 해서 $\frac{1}{\tan x}$처럼
역수는 아니라는 사실을 유념해야 한다.

  이 표현들의 도함수를 구하는 가장 일반적인 방법은
$\int f'(x)\,dx = f(x)+c$의 관계를 사용하며, 다소 손쉬운
명제인 역탄젠트 함수의 도함수 $\frac{1}{1-x^2}$을 사용한다.

f	f'	$\int f'(x)dx$
$\sin x$	$\cos x$	$\sin x + c$
e^x	e^x	$e^x + c$
$-\cos x$	$\sin x$	$-\cos x + c$
$\left(\dfrac{1}{n+1}\right)x^{n+1}$	$x^n(n \neq -1)$	$\left(\dfrac{1}{n+1}\right)x^{n+1} + c$
$\ln x$	$\dfrac{1}{x}$	$\ln x + c$
$\sin^{-1} x$	$\dfrac{1}{\sqrt{1-x^2}}$	$\sin^{-1} x + c$

테일러 정리

테일러 정리에 따르면, 함수 $f(x)$가 한없이 미분 가능하다면 여기서 멱급수로 근삿값을 구해 테일러급수Taylor series라고 부를 수 있다. 하나의 점 x_0에 대한 함수의 테일러급수는 $(x - x_0)$에 관한 항들이 연속적으로 증가하는 자연수 지수를 갖는 항들의 합이다.

x의 값이 0에 가까울 때 테일러급수는 다음과 같다.

$$f(x) = f(0) + f'(0)x + \frac{1}{2}f''(0)x^2 + \cdots\cdots + \frac{1}{n!}f^{(n)}(0)x^n + \cdots\cdots$$

여기서 $f^{(n)}$은 함수의 n번째 도함수이고 !은 계승〔p. 104〕을 나타낸다. 이것은 테일러급수의 특별한 경우인데, 매클로린급수Maclaurin series라고 칭한다.

이 급수가 x_0에 가까운 모든 x에 대해 수렴한다면〔p. 90〕, 이 함수는 x_0에 대해 해석적analytic이라고 부른다. 그리고 해석함수analytic function는 복소 해석학〔complex analysis, p. 298〕에서 중요한 역할을 한다.

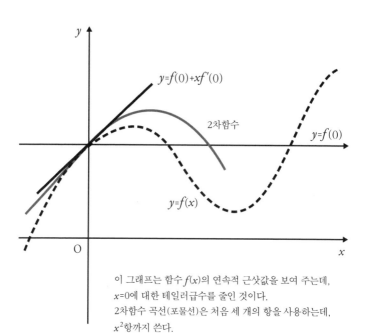

이 그래프는 함수 $f(x)$의 연속적 근삿값을 보여 주는데,
$x=0$에 대한 테일러급수를 줄인 것이다.
2차함수 곡선(포물선)은 처음 세 개의 항을 사용하는데,
x^2항까지 쓴다.

보간법

　보간법은 특정한 점에서 함숫값을 예측하는 기술인데, 그 함수에서 다른 점의 값에 의존한다. 보간법은 다양하게 적용할 수 있으며 데이터를 이용해서 여러 값 사이의 함수관계를 구할 때 중요한 역할을 한다.

　함수 $f(x)$의 값을 $n+1$개의 점 $x_0, x_1 \cdots\cdots x_n$에서 구한다고 가정하자. 여기서 x_i는 가장 작은 값에서 가장 큰 값으로 정리되어 있다. x_0과 x_n 사이의 일반적인 점 x에 어떤 값을 부여해야 할까? 이 문제는 일상과도 관련이 있다. 예를 들면, 이 문제는 정해진 지역 목록에서 정보를 수집한 후 기상예보를 만드는 과정에도 쓰인다. 여기서 한 가지 방법은 다항식〔p.184〕을 점들에 적용하는 것이다. $n+1$개의 점들이 존재하며 n번째 다항식은 $n+1$개의 계수를 갖는다. 그러므로 알려진 값과 맞는 개수가 정확히 존재한다.

　18세기 프랑스의 수학자 조제프 루이 라그랑주Joseph-Louis Lagrange는 이 형식의 보간법에 대한 특별한 공식을 발견했다. 이 공식은 테일러급수를 줄인 것과 비슷한 오류를 갖는다.

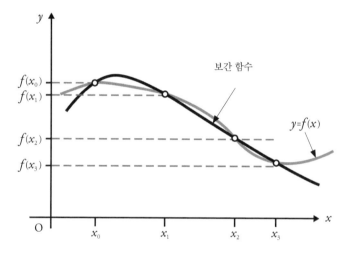

보간 함수

$y=f(x)$

$f(x_0)$
$f(x_1)$
$f(x_2)$
$f(x_3)$

O

x_0 x_1 x_2 x_3

x

y

최댓값과 최솟값

함수의 최댓값과 최솟값을 찾는 과정을 최적화optimization라고 한다. 함수 $f(x)$의 최댓값은 그 이외의 모든 x 값에서 $f(c)$가 $f(x)$보다 크거나 같을 때 c에 위치한다. 이와 비슷하게 최솟값은 다른 모든 x 값에서 $f(d)$가 $f(x)$보다 작거나 같을 때 d에 위치한다. 극대점이나 극소점은 $f(x)$를 x의 주변값과 비교해야만 찾을 수 있다.

이 점들에서 곡선의 접선은 수평선이므로 그 도함수는 0이다. 도함수의 값이 0이 되는 부분을 찾으면 극대와 극소를 쉽게 찾을 수 있다. 이때 테일러급수의 1차 항이 사라지며〔p.222〕 다음과 같은 결과가 나온다.

$$f(x) \approx f(c) + \frac{1}{2}f''(c)(x-c)^2 + (\text{더 높은 항})$$

만약 $f''(c)$가 0이 아니라면 일부를 보았을 때 포물선과 비슷하다. 그리고 이계도함수가 음수일 경우 극댓값을 갖고, 이계도함수가 양수일 경우 극솟값을 갖는다. 만약 $f''(c)$가 0이라면 이는 변곡점point of inflection일 수 있다. 여기서 함수는 동일한 방향으로 나아가기 직전에 평평해진다.

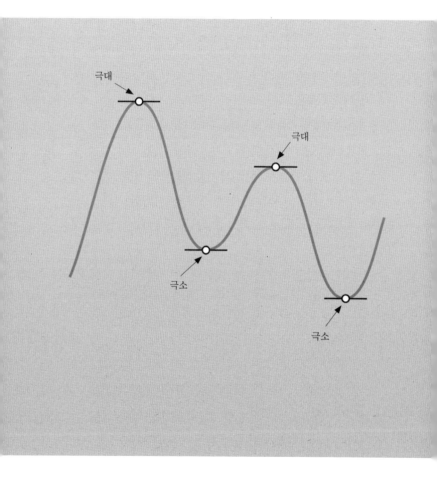

극대

극대

극소

극소

미분방정식

미분방정식은 함수와 도함수의 관계를 보여 준다. 경제학, 생물학, 물리학, 화학에서 많은 과정의 모형을 만드는 데 사용되기도 한다. 여기서 미분방정식은 한 값과 그 값에 대한 변화율의 관계를 그린다.

예를 들면, 화학물질 샘플의 방사성붕괴의 속도는 그 샘플의 원소 개수와 관련이 있다. 이는 다음과 같은 방정식 $\frac{dN}{dt} = -aN$을 통해서 알 수 있다. 여기서 N은 원소 개수이며 t는 시간이다. 그리고 답은 $N(t) = N(0)e^{-at}$이다. e^x가 포함되었다는 사실은 곧 방사성붕괴가 지수 과정이라는 것을 의미한다.

일반 미분방정식은 위의 사례에서 t의 역할처럼 오직 하나의 독립적 변수를 포함한다. 이러한 미분방정식은 보통 답을 구할 수 없다. 그러므로 근삿값이나 수치 모의를 사용해야 한다.

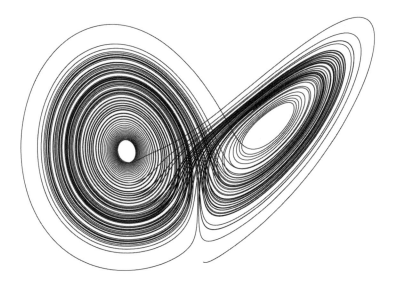

위 그림의 곡선은 로렌즈 방정식Lorenz equation의 해를 나타낸다. 이는 기후 모형을 제공하는 미분방정식이다. 여기서 곡선은 스스로 반복하지 않고 프랙털 구조를 갖는데, 이는 카오스의 존재를 의미한다.

푸리에 급수

    푸리에 급수는 사인과 코사인의 무한한 합으로 표현되는 함수이다. 사인함수와 코사인함수는 반복되는 패턴을 포함하므로 푸리에 급수 역시 반복되거나 주기적인 함수이다.

    0과 2π 사이에 있는 임의의 x 값에 대해 $f(x)$를 근삿값으로 구할 수 있다.

$$f(x) = a_0 + \sum_{n=1}^{\infty} (a_n \cos nx + b_n \sin nx)$$

여기서 다음의 식이 성립한다.

$$a_n = \frac{1}{\pi} \int_0^{2\pi} f(x) \cos kx \, dx$$

$$b_n = \frac{1}{\pi} \int_0^{2\pi} f(x) c \sin kx \, dx$$

    만일 원래 함수가 주기함수가 아니라면, 푸리에 급수는 특정 값의 구간에서 함수를 나타내지만 그 밖의 구간에서는 그렇지 않고, 그 함수를 반복한다(p.231).

푸리에 급수의 한 사례이다.

$[-\pi, \pi]$ 에서 $f(x)=1-x^2$

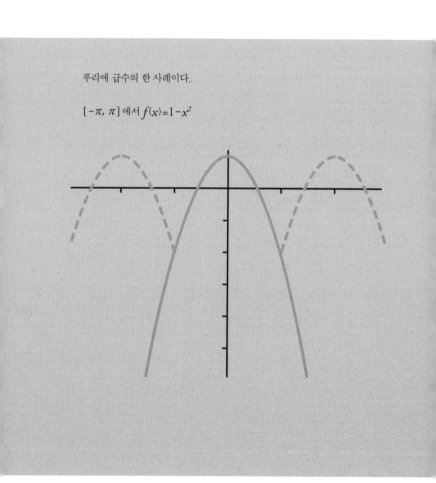

다변수함수

　다변수함수는 다양한 수학적 변수 사이의 관계를 나타낸다. 예를 들면, 함수 $f(x, y) = x^2 + y^2$은 x와 y라는 변수를 가진 함수다. x와 y의 입력을 필요로 하고 $f(x, y)$라는 출력을 만들어 내는데, 그 값은 제곱 값들의 합과 일치한다.

　이 방정식들을 통해서 3차원이나 더 높은 차원의 함수 모형을 만든다. 예를 들면, 데카르트좌표(x, y)에서 함수는 이 좌표들의 함수이다. 이를 $f : R^2 \rightarrow R$로 표기할 수 있다. 이는 함수의 정의역이 R^2이며 상이 실수 R이라는 것을 나타낸다. 하나의 변수를 가진 함수들은 그래프로 나타낼 수 있는 반면 3차원 함수들은 평면으로 나타낼 수 있다.

　이 개념은 실수 n개의 변수를 가진 함수 $f : R_n \rightarrow R$로 더욱 확장될 수 있다. 예를 들면 $f(x_1, \cdots\cdots, x_n) = x_1{}^2 + \cdots\cdots + x_n{}^2$으로 확장할 수 있다.

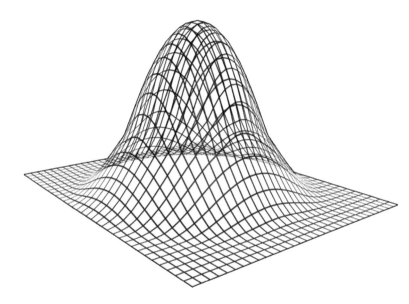

그래프로 나타냈을 때, 두 개의 변수를 가진 함수들은 3차원을 필요로 한다.
일반적으로 지평면이 x와 y 변수를 나타내고, 수직 축은 $f(x, y)$의 값을 나타낸다.

편미분

편미분이란 여러 개의 변수를 가진 함수에서 미분을 일반화한 것이다. 1차 미분처럼 편미분은 점에서 함수의 변화율을 구한다. 그러나 편미분에서 첫 시작점을 바꾸는 방법은 다양하다. 그중 하나는 (x, y) 평면에서 y를 고정하고 x를 변화시키는 것이다. 편도함수를 x에 대해서 정의하는데, $\frac{\partial f}{\partial x}$로 나타내며 y를 마치 상수인 것처럼 x에 대한 일반 미분과 동일한 방법으로 구할 수 있다.

이와 비슷하게 y에 대한 편도함수 $\frac{\partial f}{\partial y}$ 역시 x를 고정하고 y에 대해 미분하는 방식으로 구한다. 이 편도함수들은 두 개의 특정 방향에서 작은 변화들이 주는 영향을 보여 준다. 다른 방향에서 변화의 영향은 x와 y의 편도함수의 가중 총량으로 구할 수 있다. 혹은 함수의 벡터 기울기를 이용해 구할 수도 있는데, 이를 $\mathrm{grad}(f)$라고 표기한다. 이는 또한 ∇로 표기하기도 한다(p. 252).

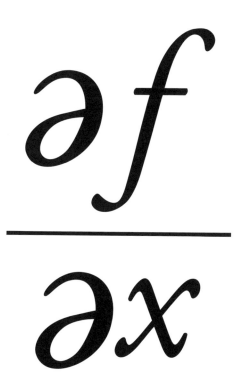

곡선 적분

한 개의 곡선을 따라서 함수를 적분한다는 것은 한 개의 변수에 대해서 적분한다는 것과 같은 뜻이다. 하지만 변수가 한 개를 초과할 경우 이야기는 달라진다. 2차원에서 함수 $z = f(x, y)$는 평면을 구성한다. $z = 0$인 (x, y) 평면에 곡선이 있다고 가정하자. 그리고 이를 표면 $z = f(x, y)$에 수직으로(위에서 혹은 아래에서) 연결하는 평면이 존재한다. 이 함수의 곡선 적분은 이 평면 넓이의 양수나 음수 값이다. 종종 이것을 선 적분line integral이라고 부른다.

만약 y를 특정 숫자로 고정하면, $f(x, y)$는 x와 상수의 함수가 된다. 그러므로 고정된 y가 있으면 일반적인 방식으로 $f(x, y)$를 x에 대해서 적분할 수 있다. 이와 동일하게 만약 x가 고정되어 있다면, 그 함수는 y에 대해서 적분할 수 있다. 기하학적으로는 (x, y) 평면에서 직선을 따라 적분하는 것과 동일하다. 이 적분을 언제 어떻게 할 수 있는지에 대해서는 아직 기술적인 문제가 있다. 하지만 여기서 중요한 점은 바로 적분의 개념이 쉽게 확장될 수 있다는 사실이다. 이 사실은 역학에서도 일량을 계산하는 데 중요한 역할을 한다.

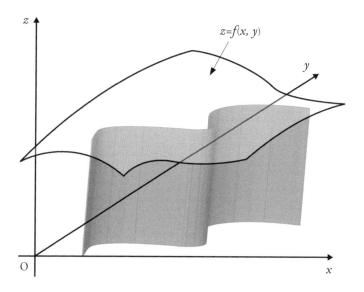

평면 적분

평면 적분은 적분의 고차원적인 분야로, 넓이가 아니라 부피를 만든다. (x, y) 평면에 A라는 구간과 함수 $z = f(x, y)$가 있다고 가정하자. 이 구간을 매우 작은 구간들로 나누면 곡선 아래의 넓이는 특정 점에서 함수의 값이나 높이를 작은 구간으로 곱한 것과 같다. 이 부피의 값들을 더하면 평면 아래 전체 부피의 근삿값을 구할 수 있다. 작은 구간들의 넓이가 0으로 수렴하고 이 합이 극한으로 수렴한다면, 이는 A에서 f의 평면 적분이며, 다음과 같이 표기한다.

$$\iint_A f(x, y) \, dx \, dy$$

이것을 이중적분double integral이라고 부른다. x와 y의 작은 변화들의 곱이 넓이와 같기 때문이다. 더 많은 변수를 가진 함수의 적분을 일반화하면 더 거대한 중적분도 구할 수 있다.

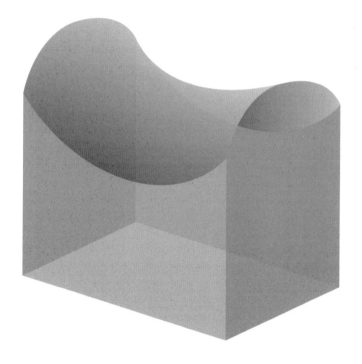

직사각형의 넓이에 대한 주어진 함수의 이중적분은
그림자로 나타낸 부분의 부피 값을 나타낸다.

그린의 정리

그린의 정리는 한 평면 A의 이중적분과 그 경계선인 Y를 둘러싸는 선 적분을 연결한다. 그린의 정리에 따르면 다음의 식이 성립한다.

$$\iint_A \left(\frac{\partial f}{\partial x} - \frac{\partial f}{\partial y} \right) dx \, dy = \int_Y f \, ds$$

여기서 ds는 Y의 1차원적인 작은 변화를 나타낸다.

이 방정식을 보면, 일반화된 적분과 편도함수 사이에 아주 추상적인 관계가 존재한다는 사실을 알 수 있다. 벡터 값 함수를 보면 더욱 많은 주요 사례들을 볼 수 있다[p.252]. 미적분의 기본 정리를 살펴보면, 이 관계가 존재한다는 점이 놀랍지도 않다. 여기서 흥미로운 점은 평면의 적분과 곡선의 적분과의 관계를 통해 n차원과 $(n-1)$차원의 평면에 대해 일반적인 관계를 정의할 수 있다는 것이다.

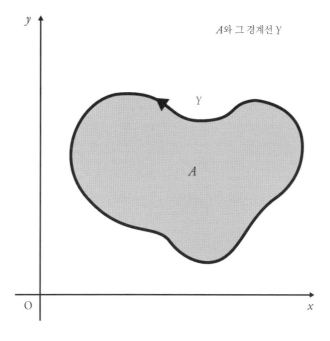

A와 그 경계선 γ

벡터

벡터는 수학적 양이나 물리적 양을 나타내며 크기, 길이, 방향을 가진 양을 함의한다. 예를 들면, 바람은 속도와 방향을 가진다. 기상예보에 나오듯이 벡터는 보통 화살표로 표현되며 화살표의 방향은 바람의 방향을 뜻한다. 이때 크기는 벡터의 길이로 표시한다.

벡터가 어떻게 합산되는지 이해하고 벡터의 직관적인 의미를 이해한다면, 기하학적 연산을 쉽게 할 수 있다. 그러나 벡터를 사용하지 않으면 기하학적 연산은 몹시 복잡해진다. 그러므로 벡터는 기하학 문제를 다루는 방법이 되는 셈이다. 이로 인해 수학적 문제를 다룰 수 있는 다양한 방법들을 배우면서 새로운 깨달음을 얻기도 한다. 벡터의 대수적 구조는 다른 수학 영역에서도 발견되기 때문에 아주 유용하다. 벡터의 모음은 벡터공간vector space이라고도 하는데, 수학의 다양한 분야에 적용되며 과학과 공학에서도 폭넓게 쓰인다.

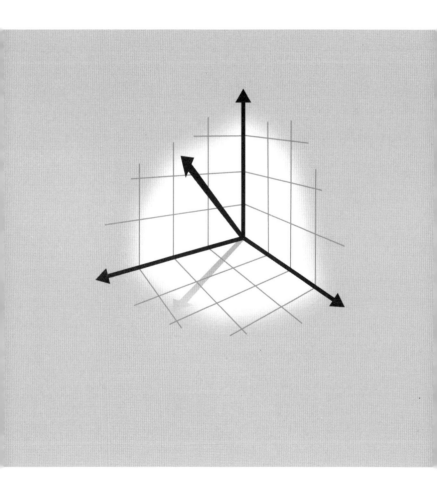

벡터의 계산

두 개의 벡터를 더하는 것은 아주 간단하다. 화살표들을 나란히 놓고, 시작점과 끝점으로 새로운 화살표를 그리는 것이다. 이렇게 만들어진 새로운 벡터를 합성 벡터resultant vector라고 부른다.

데카르트좌표를 사용해서 벡터를 나타낼 수 있다. (x, y)는 임의의 시작점에 대한 끝점의 위치를 보여 준다. 마치 보물 지도를 다루듯이, 우리가 x축의 방향으로 x 걸음을 걷고 y축의 방향으로 y 걸음을 걸으면 목적지에 도달하게 된다. 두 벡터 $(1, 0)$과 $(0, 1)$의 합은 두 좌표를 더해서 얻을 수 있다. 그러므로 답은 $(1, 1)$이다. 벡터를 빼는 것도 동일한 방법을 쓴다. $(3, 2)$에서 $(1, 1)$을 빼면 $(2, 1)$이다.

벡터의 각 좌표는 직각삼각형의 한 변을 나타낸다. 그러므로 그 크기나 절댓값은 피타고라스의정리[p.130]를 사용해서 구할 수 있다. 벡터 $(1, 1)$의 절댓값은 두 변의 길이가 1인 직각삼각형의 빗변의 길이와 같다. 즉 피타고라스의정리를 사용하면, 이는 곧 $\sqrt{1^2 + 1^2}$ 혹은 $\sqrt{2}$와 같다.

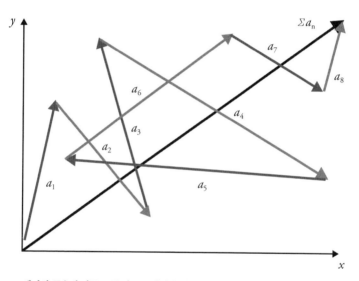

벡터의 급수에 따른 모든 경로는 하나의 전체적 벡터로
간단하게 만들 수 있다. 이 전체적 벡터는 하나의 방향과 크기를 가지는데,
그리스문자인 시그마(Σ)로 표기한다.

스칼라 곱

스칼라 곱 혹은 내적dot product은 두 벡터를 합해서 스칼라를 만드는 과정이다. 스칼라는 주어진 방향이 없는 수이다. 스칼라 곱은 $a \cdot b$라고 표기하는데, 그 길이와 그 끼인각의 코사인을 곱한 값이다. 만약 벡터들이 좌표로 표기되어 있다면, 스칼라 곱은 각 좌표의 곱의 합인 셈이다. 그러므로 (1, 2)와 (1, 3)의 스칼라 곱은 $(1 \times 1) + (2 \times 3) = 7$이다.

두 개의 벡터가 수직일 경우, 그 끼인각의 코사인 값은 0이다. 그러므로 수직인 두 벡터의 스칼라 곱도 0이다. 만약 둘 중 하나의 벡터가 크기나 절댓값이 1인 단위벡터unit vector라면, 그 스칼라 곱은 나머지 벡터를 단위벡터의 방향으로 만든 것이 된다. 그러므로 (2, 3)과 (0, 1)의 스칼라 곱은 3이다.

이 사실은 물리학에서 중요한 역할을 한다. 왜냐하면 물리학에서 자속magnetic flux과 같은 성질은 벡터의 스칼라 곱으로 구할 수 있기 때문이다. 이는 자기장과 주어진 영역을 나타낸다.

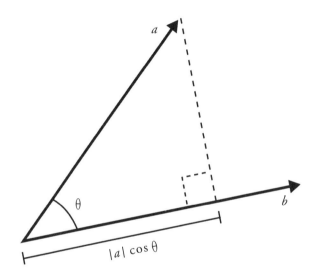

|a|cosθ는 b의 방향으로 a가 진행되는 것으로,
스칼라 곱 |a||b|cosθ는 벡터 b의 절댓값과 b를 향한
a의 진행의 곱과 같다(혹은 그 반대).

벡터 곱

벡터 곱은 3차원의 공간에 존재하는 두 벡터를 곱하는 방법으로, $a \times b$로 표기한다. 이 방법으로 원래 존재했던 두 벡터에 수직인 벡터가 나온다. 물리학에서 이 방법으로 힘의 토크(torque, 물체를 회전시키는 힘의 물리량)를 계산할 수 있다. 두 벡터를 곱한 벡터 곱의 크기나 절댓값은 곧 그 끼인각의 사인과 길이들을 곱한 값이다. 또한 이 값은 두 벡터가 인접한 변인 평행사변형의 넓이와 일치한다.

그 결과 나온 벡터의 방향은 기존의 오른손법칙으로 구할 수 있다(p.249). 만약 오른손의 검지가 벡터 a 이고 가운뎃손가락은 벡터 b라면, 벡터 곱의 방향은 엄지손가락으로 구한다. 오른손 방법으로 $a \times b$와 $b \times a$의 방향을 구하면, 엄지손가락의 방향이 각각 다르다는 사실을 알게 될 것이다. 그러므로 벡터의 순서가 다르면 벡터 곱의 값 역시 변한다. 숫자의 곱셈과는 달리, 벡터 곱은 교환법칙이 성립되지 않는다.

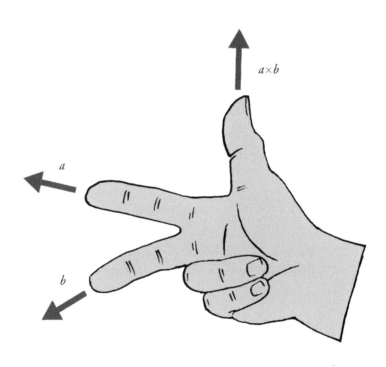

$a \times b$

a

b

벡터 기하학

　벡터 기하학은 벡터로 기하학 문제를 푸는 방법을 보여
준다. 기하학의 많은 이론들은 벡터를 이용해서 간단하게
나타낼 수 있다. 특히 3차원 이상의 고차원 공간이라면 더욱
그렇다. 예를 들면, 벡터 $r = (x, y, z)$로 3차원에 존재하는
점의 위치를 나타낼 수 있다. 이를 위치벡터position vector라고
칭한다. 그리고 위치벡터 r_0을 갖는 점을 지나는 2차원 평면은
$a \cdot (r - r_0) = 0$의 해다. 여기서 a는 평면에 수직인 벡터를
나타낸다.

　만약 이 방법을 사용해서 세 개 평면의 좌표
방정식을 적는다면, 그들이 교차할 조건은 세 개의
연립방정식(p.168)으로 구할 수 있다. 이런 방식으로 문제에
접근할 때 얻는 장점이 있다. 세 개의 연립일차방정식은
유일한 해를 갖거나, 일반적인 경우 무한하게 많은 해를
갖거나, 아니면 해가 존재하지 않는다는 사실을 알 수 있다.
해가 무한히 많을 때는 모든 평면이 일치하고, 해가 존재하지
않을 때는 최소한 두 개의 평면이 평행을 이루며 일치하지는
않는다.

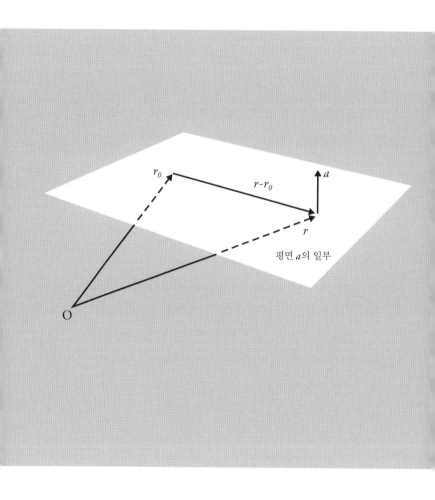

평면 a의 일부

벡터함수

    함수를 포함하는 벡터는 둘 혹은 그 이상의 변수의 관계를 보여 주는데, 이를 벡터함수라고 부른다. 이 관계를 연구하려면 이를 실제 함수처럼 미분하거나 적분해야 한다.

    미분의 과정 자체를 벡터 연산자vector operator로 나타낼 수 있다. 예를 들면, $f(x, y)$가 평면의 실제 함수일 경우, f의 기울기는 벡터함수 $(\frac{\partial f}{\partial x}, \frac{\partial f}{\partial y})$로 나타내고 ∇f 로 표기한다. 이러한 벡터의 방향과 크기는 f의 최대 증가율의 방향을 나타내고, 그 증가율을 보여 준다.

    벡터 연산자 ∇는 델del 연산자라고도 알려졌는데, 흥미로운 성질을 갖고 있다. 오른쪽 그림은 적분과 관련된 두 가지 벡터 연산자이다. 예를 들면, 평면의 경계 밖에서 일어나는 흐름은 그 평면 내에서 발산되는 벡터함수와 같다. 이는 타이어에 공기를 주입할 때 생기는 현상을 설명한다. 타이어 바깥으로 나오는 공기가 음수 값이므로 타이어 내부에서 확장되는 공기도 음수 값이다. 다른 말로 표현해, 공기가 압축된 것이다.

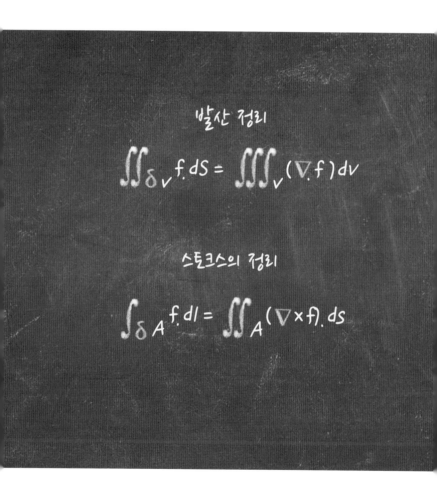

발산 정리

$$\iint_{\delta V} f.dS = \iiint_V (\nabla . f)\, dV$$

스토크스의 정리

$$\int_{\delta A} f.dl = \iint_A (\nabla \times f).dS$$

차원과 선형 독립

사물이나 공간의 차원이란 그 크기의 단위이다. 일반 유클리드공간에서 차원은 그 공간의 점을 나타내는 데 필요한 좌표의 개수와 같다. 예를 들면, 원은 1차원이고, 원판은 2차원이고, 구는 3차원이다. 우리는 직관적으로 차원에 두 개나 세 개의 방향성이 존재한다는 사실을 알 수 있다. 위, 아래, 옆 방향이다. 이것을 수학적으로 나타내려면 독립성independence이라는 이론을 이용해야 한다.

벡터 집합의 벡터 중 다른 벡터들의 곱의 합으로 나타낼 만한 것이 없다면 1차독립이라 칭한다. n개의 1차독립 벡터에서 어떠한 임의의 집합이라도 n차원 공간의 기저basis가 되며, 그 공간의 어떠한 벡터라도 기저 벡터들의 선형 합으로 나타낼 수 있다. 3차원에서 일반 데카르트 기저는 좌표벡터 (1, 0, 0), (0, 1, 0), (0, 0, 1)의 집합이다. 이 때 이 좌표벡터들은 서로에 대해 수직이다. 이 중 어느 선형 독립 벡터라도 3차원에서 적합한 기저가 된다.

벡터 a는 기저 벡터 i, j, k의
1차결합 $a = a_x i + a_y j + a_z k$ 로
나타낼 수 있다.

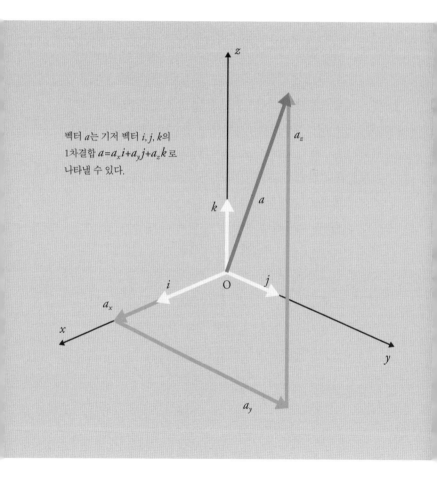

선형변환

선형변환은 한 벡터를 또 다른 벡터로 변환하는 함수이다.
이때 선형결합의 규칙에 따라서 변환하게 된다. 예를 들면,
벡터의 합에 대한 선형변환은 각 벡터 변환의 합과 동일하다.
더욱 일반적으로 설명하자면, 만약 a와 b가 스칼라이고 u와
v가 벡터라면, 선형변환 L은 $L(au+bv)=a(Lu)+b(Lv)$를
만족시켜야 한다. 그러므로 기저 벡터들의 집합에 대한
선형변환의 값을 안다면 기저가 정의된 공간basis-defined space
내에서 변환의 값을 알 수 있다.

선형변환은 기하학적 해석을 해야 하고, 이동, 회전,
전단을 포함한다. 그러므로 선형변환을 통해 간단한
기하학적 연산을 설명할 수 있다. 또한 미적분에서도
자연스럽게 관찰할 수 있다. 사실 미분〔p.212〕은 함수의
선형변환에 지나지 않는다. 또한 선형변환에 대한 연구는
기하학과 미적분의 양상들을 통합시킨다.

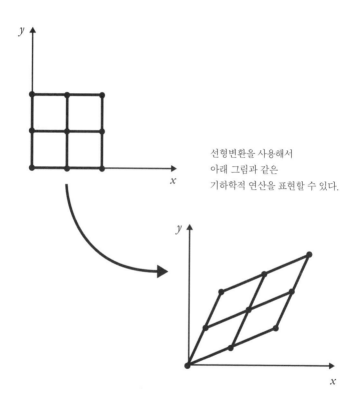

선형변환을 사용해서
아래 그림과 같은
기하학적 연산을 표현할 수 있다.

행렬

행렬은 정해진 수의 행과 열로 정리된 숫자의 목록 혹은
모음이다. 예를 들면, 행렬은 $\left(\begin{smallmatrix} 1 & 3 \\ 0 & 2 \end{smallmatrix}\right)$ 혹은 $\left(\begin{smallmatrix} a & b & a \\ c & a & c \end{smallmatrix}\right)$ 처럼 괄호
안에 적는다.

다양한 경우에 행렬을 사용한다. 하지만 행렬은 특히
선형변환의 영향을 계산할 때 도움이 된다. 좌표 (x, y)가
있다고 가정할 때, 일반적인 선형변환은 이 좌표를 새로운
점인 $(ax + by, cx + dy)$로 사상한다. 이 과정을 행렬 곱셈matrix
multiplication이라 한다. 이것을 Mr로 표기하고, 이때 r은
위치벡터 (x, y)이며 M은 행렬 $\left(\begin{smallmatrix} a & b \\ c & d \end{smallmatrix}\right)$로 1차변환의 역할을
나타낸다. 이러한 2×2 행렬의 정의는 $n \times n$으로 확장해 더욱
고차원에 적용할 수 있다.

항등 행렬identity matrix은 I라고 표기하는데, 대각선에 1이
위치하며 나머지에는 0이 있다. 그러므로 Ir은 임의의 벡터 r에
대해 r 그 자신과 같다.

$$\begin{pmatrix} a & b \\ c & d \end{pmatrix} \begin{pmatrix} x \\ y \end{pmatrix} = \begin{pmatrix} ax + by \\ cx + dy \end{pmatrix}$$

$$\begin{pmatrix} 1 & 0 \\ 0 & 1 \end{pmatrix} \begin{pmatrix} x \\ y \end{pmatrix} = \begin{pmatrix} 1x + 0y \\ 0x + 1y \end{pmatrix}$$

행렬 방정식의 계산

행렬 방정식은 행렬의 배열 전체가 단 하나의 변수로 표기되는 수학 방정식이다. 이렇게 간단하게 표기된 것은 다양한 경우에 사용되는데, 그중 한 사례가 바로 선형변환이다.

만약 Mr이 벡터 r을 선형변환한 결과를 나타낸다면, 선형변환에서 주어진 벡터 b를 사상하는 벡터들은 행렬 방정식 $Mr = b$의 답을 알면 구할 수 있다. 이 문제를 풀기 위해서는 행렬 M의 역행렬이 존재할 때 답을 구해야 한다.

역행렬 M^{-1}은 M으로 곱했을 때 항등 행렬인 I가 나오는 행렬이다. 이 역행렬을 방정식 $Mr = b$에 적용하면, 우리는 $M^{-1}Mr = M^{-1}b$임을 알 수 있다. 역행렬과 행렬 M을 곱한 것이 항등 행렬이므로, $Ir = M^{-1}b$이다. 또한 항등 행렬은 벡터를 변화시키지 않으므로, r은 $M^{-1}b$와 같다.

물론 이때 역행렬의 값을 알지 못하면 이 모든 과정은 소용이 없다. 그러나 최소한 2×2의 경우에 이 값을 구하는 것은 어렵지 않다. 일반 행렬 $\begin{pmatrix} a & b \\ c & d \end{pmatrix}$의 역행렬은 $\frac{1}{ad-bc}\begin{pmatrix} d & -b \\ -c & a \end{pmatrix}$이다. 단 $ad - bc$가 0이 아니어야 성립한다.

행렬 방정식 $Mr = b$의 좌표식은 정확하게
연립일차방정식과 같다. 그러므로 이 과정은 하나의
순환 구조를 이룬다. 세 개의 평면이 교차하는 곳을 찾는
문제(p.174)는 세 개의 연립일차방정식을 풀이하는 것과
같다(p.168). 이는 평면의 벡터를 이용하며(p.250), 행렬
문제를 푸는 것과 같은 셈이다.

역행렬을 알면 평면이 선과 같은 역할을 하는 2차원
공간에서 $ad - bc$가 0이 아닐 때 유일한 해가 존재한다는
사실을 알 수 있다. 그리고 만일 $ad - bc$가 0이라면, 해가
존재하지 않거나 무한한 해가 존재할 것이다. 여기서
$ad - bc$의 값을 그 행렬의 행렬식이라고 부른다. 더욱
고차원에서 이를 나타내는 것은 훨씬 더 복잡하지만, 그
답을 구하기 위한 일반적인 방법들은 마련되어 있다.

영 공간

영 공간은 행렬의 핵kernel으로 알려졌는데, 선형변환 때문에 영벡터zero vector로 이어지는 모든 벡터의 집합이다. 행렬 M에서 영 공간 N은 $Mr = 0$인 점의 집합이다. 이 때 Mr은 벡터 r에 선형변환이 미치는 영향을 나타낸다. 그리고 영 공간의 차원dimensions of null space은 0차원nullity의 공간으로 알려져 있다.

변화된 벡터들의 크기나 차원을 알기 위해서는 상 공간image space인 Im (M)을 고려해야 한다. 이것은 $Mr = b$인 점 b들의 집합이다. 그러면 M의 계수는 상 공간의 차원과 같다. 게다가 만약 $Mr = 0$이 주어진 b에 대해서 하나의 해를 가진다면, 이는 N의 차원과 동일한 해의 공간space of solutions을 갖는다. 이는 알려진 답에 N에서 다른 벡터를 더하는 것 또한 답이기 때문이다. 그래서 만약 b가 M의 상에 있다면 해가 존재하고, 해의 중복도multiplicity는 N의 차원으로 나타난다.

선형변환이 기저 원소basis elements〔p. 256〕의 집합에 어떤 영향을 끼치는지를 추론할 수 있다. 따라서 변환의 상 Im (M)에 있는 점들의 크기 혹은 차원이 변환된 기저 원소에 있는 선형 독립 벡터의 수와 같다는 사실은 그다지 놀랍지 않다.

만약 이 수가 k이고 n차원의 문제를 풀이하고 있다면, 영벡터로 사상하는 1차독립 벡터는 $n - k$개 존재한다. 다른 말로 표현하자면, 이 변환에서 상의 차원(계수)에 영 공간의 차원을 더한 값은 현재 바라보는 벡터공간의 차원과 같다.

이 사실이 별것 아닌 것처럼 보일지도 모른다. 하지만 이것은 일종의 분해 이론으로, 수학자들이 무척 즐겨 사용하는 이론이다. 또 이것은 선형미분방정식과 같은 다양한 문제들이 매우 정확한 설명으로 표현될 수 있기에 중요한 결론에 다다르게 된다. 이 결과에서 얻는 해 공간에 대한 정확한 분석은 수학의 다양한 분야에서 사용된다.

고윳값과 고유벡터

고윳값과 고유벡터는 특별한 스칼라와 벡터로, 주어진 행렬과 관련이 있다. 고윳값과 고유벡터를 뜻하는 영어인 '*eigenvalues*'와 '*eigenvectors*'의 어원은 독일어 '*eigen*'인데, 이는 '기묘한' 혹은 '특징적인'이라는 의미를 갖는다. 고윳값 λ와 고유벡터 r을 갖는 정사각행렬square matrix M에서 Mr은 λr과 같다. 물리적인 면에서 이것은 고유벡터의 방향이 행렬 M에 영향을 받지 않는다는 뜻이다. λ는 거리가 어떻게 변화하는지 보여 주는데, 음수의 고윳값, 즉 반대 방향으로 움직인다는 것을 알려준다.

방정식 $Mr = \lambda r$을 풀어 보자. 이때 가장 구하기 쉬운 것은 고윳값이다. 이 정의를 다시 $(M - \lambda I)r = 0$으로 적으면, 오직 $(M - I)$에 자명하지 않은 영 공간이 있어야만 해가 존재한다는 사실을 알 수 있다. 이는 행렬식 $(M - \lambda I)$가 0이어야 한다는 뜻이다. 이러한 $n \times n$ 행렬의 행렬식은 λ에 대한 n차 다항식〔p. 184〕인 것으로 밝혀졌다. 고윳값 문제는 흔하게 나타나는데 그 이유는 선형변환에 대해서 많은 정보를 제공하기 때문이다.

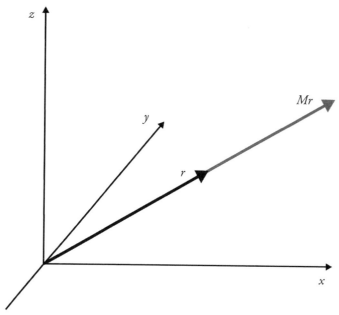

만약 r과 Mr이 같은 방향을 향한다면 (혹은 정확히 반대 방향을 가리킨다면)
벡터 r은 행렬 M의 고유벡터이다.

추상대수학

추상대수학은 집합의 다양한 원소를 합하는 다른 법칙들 때문에 생기는 구조를 연구한다. 이 규칙들은 친숙한 연산인 덧셈이나 곱셈의 다른 양상을 따른다. 또한 군, 장, 환, 벡터공간 같은 구조들을 공유한다.

예를 들면, 벡터와 관련 법칙의 집합을 포함한 추상적 구조가 벡터공간이다. 이 법칙들은 구조에서 물체의 합이 어떤 영향을 미치는지 보여 주고, 짧은 성질의 목록으로 나타낼 수 있다. 벡터공간에서 이 법칙들은 벡터의 합(vector addition, p. 244)과 스칼라 곱(p. 246)을 설명해 준다.

실제 공간에서 분명히 적용하지 않고 더욱 추상적인 성질의 집합으로 향하는 이런 움직임은 수학자들이 아이디어를 전개하는 전형적인 방식이다. 추상적이고 제한적이지만, 이렇게 놀라운 구조는 분자구조에서 위상수학까지 폭넓은 분야에 영향을 미친다.

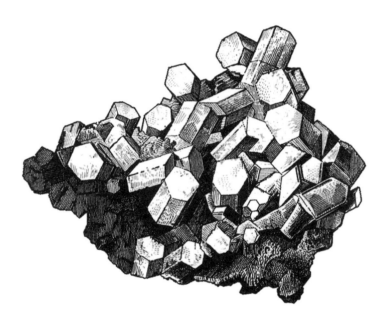

군 이론은 결정 조직을 이해하는 데 중요한 역할을 한다. 왜냐하면 대칭군이
결정격자에서 원소의 배열과 성질의 모형을 만드는 데 쓰일 수 있기 때문이다.

군

군은 곱셈이나 덧셈으로 볼 수 있는 이항연산binary operation이 가능한 원소의 집합이라고 할 수 있다. 하지만 일반적 정의는 존재하지 않는다.

임의의 집합 G에서 세 개의 원소 a, b, c로 연산 ·를 진행할 때, 다음에 나열된 네 가지 주요 공리 혹은 성질이 성립해야만 한다.

1. 닫힘closure: a와 b가 G에 포함된다면, $a \cdot b$도 G에 포함된다.
2. 결합법칙associativity: $a \cdot (b \cdot c) = (a \cdot b) \cdot c$
3. 항등원identity: G에는 모든 원소 a에 대해 $e \cdot a = a$인 원소 e가 존재한다.
4. 역원inverse: G의 모든 원소 a에 대해 G 안에 a^{-1}이 존재하는데, 이때 $a \cdot a^{-1} = e$이며 a^{-1}는 a의 역 원소inverse element라고 부른다.

예를 들면, 정수의 집합과 덧셈의 연산은 $e = 0$의 군을 구성한다. 그것만이 원소를 변화시키지 않고 덧셈을 할 수 있는 수이기 때문이다. 또한 군은 정다각형, 결정 소직이나 눈송이 구조의 대칭처럼 물리적인 성질을 나타내는 데 사용된다.

대칭군

대칭군은 한 물체가 변화해 시작점과 구분할 수 없는
결과를 낳을 다양한 방법을 보여 준다. 또한 대칭군은 하나의
변환을 다른 변환의 결과에 적용시킴으로써 합성의 연산을
포함시킨다. 군을 이용하는 방식은 모두 동일한 양상을
갖는다.

이등변삼각형이 하나 있다고 가정하자. 이등변삼각형을
시계방향으로 120도 회전하거나 꼭짓점과 중심을 통해 선
안에서 반사시켜도 결과물은 변화하지 않는다. 회전을 a 라
하고 반사를 b 라 할 때, 곱셈으로 a 와 b 의 합성을 나타낼 수
있다.

그러므로 a^2b 는 삼각형을 두 번 120도 돌린 후 선 안에
반사시켰다는 뜻이다. 사실 a 와 b 를 이용해서 삼각형의
독립적 변환을 e, a, a^2, b, ab, a^2b 여섯 가지로 만들 수 있다.
여기서 e 는 삼각형에 아무 영향도 주지 않는 정의이다. 다른
모든 조합은 다음 중 하나와 동일하다. 그리고 a^3 혹은 b^2 은
e 와 마찬가지로 아무 영향도 주지 않는다.

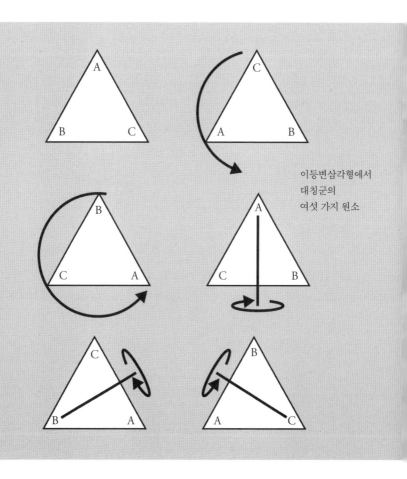

이등변삼각형에서
대칭군의
여섯 가지 원소

부분군과 상군

부분군은 군의 공리〔p. 268〕를 충족하는 군의 부분집합이다. 항등원인 {e}가 그 자체로 하나의 군이 되므로, 항상 최소한 하나 이상의 부분군이 존재한다.

이등변삼각형의 대칭군〔p. 270〕은 {e, a, a^2, b, ab, a^2b}로, a는 중앙을 중심으로 120도 회전하는 것이며, b는 대칭축에서 중앙을 통해 반사시키는 것이다. 이 군에는 회전 {e, a, a^2}과 반사 {e, b}의 중요한 부분군이 존재한다. 둘 다 순환 군cyclic group의 사례로, 모든 원소를 한 원소의 합성으로 표현한 것이다.

만약 H가 G의 부분군이고, H 안의 모든 h 값과 G 안의 모든 g 값에 대해 ghg^{-1}가 H 안에 존재한다면, H는 정규 부분군normal subgroup이다. 이러한 정규 부분군으로 새로운 군을 구축할 수 있다.

상군은 한 군의 원소와 정규 부분군으로 구축한 군이다.

만약 H가 집합 G의 정규 부분군이라면, G의 모든 원소 a와 b에 대해 $aH = bH$이거나, 두 집합은 어떤 원소도 공유하지 않는다. 그 경우, xH는 집합 H에서 몇 개의 원소 h와 함께 xh로 나타낼 수 있는 모든 점의 집합이다. 이것은 이러한 집합들을 새로운 집합의 원소로 고려할 수 있다는 뜻이다. 또한 조합 규칙에 따라서 $(aH)(bH) = abH$이고, 여기서 새로운 군이 탄생하는데 이것이 상군이며 G/H라고 표기한다.

상군과 그 자체를 효과적으로 정의하는 다른 정규 부분군은 군 G를 더 작은 군으로 인수분해하며, 이것은 우리가 원래 군에 대해서 이해할 수 있도록 도와준다. 이렇게 생성된 작은 군들은 하나의 군을 만드는 요소들이 된다. 이는 소인수분해에서 숫자를 구축하는 것과 동일한 방식이다.

다양한 군에서 소수의 역할은 단순 군simple groups이 맡는다. 단순군은 그들 자신 이외에는 자명하지 않은 정규 부분군을 갖지 않는다.

단순군

단순군은 자명하지 않은 상군을 갖지 않는 군이다. 단순군의
유일한 정규 부분군은 항등원이나 원래 단순군 그 자체뿐이다.
이는 소수와 거의 동일한 방식인데, 소수의 인수는 1과 그
자체뿐이다.

소수처럼 단순군의 개수도 무한하다. 하지만 소수와 달리
단순군의 종류는 잘 정리할 수 있다. 2004년에 모든 유한한
단순군을 분류하는 데 성공했다. 이는 지난 50년간 이룬 가장
위대한 수학적 성과 가운데 하나이다.

단순군은 소수 차수를 가지고 있는 순환 군과 교대군의
모음을 포함한다. 이들은 유한집합을 연구할 때 자연스럽게
등장하는 군의 종류이다. 단순군에는 열여섯 개의 또 다른
모임들이 존재하는데, 리-타입 군Lie-type groups이라고 불린다.
그리고 스물여섯 개의 예외도 존재하는데, 이는 산발적 군이라
불리는 고립된 특별한 경우들이다. 이중에서도 스무 개는 그
예외들 중 가장 큰 몬스터 군Monster group과 연결되어 있고, 남은
여섯 개는 은둔자와 같은 상황이다.

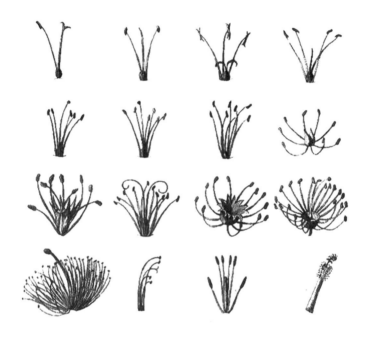

스웨덴 출신의 식물학자 린네는 식물의 생식 기관 모양에 따라
식물을 분류하려 했다. 이는 수학적 군의 분류와 비슷하다.

몬스터 군

몬스터 군은 가장 큰 산발적인 단순군이고, 유한한 군들의 분류에서 중요한 역할을 한다. 몬스터 군의 정규 부분군은 오직 자명군과 몬스터 군뿐이다.

몬스터 군은 1970년대에 처음으로 가설이 나왔다. 그리고 1981년에 결국 로버트 그리스Robert Griess가 그 정체를 밝혔다. 1982년에 발표된 그의 논문 「친절한 몬스터 군The Friendly Monster」에서 그는 몬스터 군에 대해 자세하게 설명했다. 몬스터 군에는 8080174247945128758864599049617107570 05754368000000000(대략 8×10^{53})개의 원소가 존재한다. 행렬 형식으로 나타내면, 196,883 × 196,883개의 요소를 가진다.

이렇게 크고 복잡하다는 사실은 모든 가능한 산발적 군을 다 고려했다는 의미이다. 산발적 군은 19세기 후반에 처음 발견되었으나, 모든 산발적 군이 완전히 발견된 것은 21세기 초반에 이르러서였다.

808017424794512875886459904961710757005754368000000000

리 군

    리 군은 연속 변수에 의존하는 원소를 가진 군의
중요한 모임이다. 이는 몬스터 군이 가진 별개의 구조나
다면체의 대칭군과는 다르다. 예를 들면, 원의 대칭을
고려할 때 중앙으로 회전하면 그 어떤 각도에서도 원
자체가 된다. 그러므로 원의 대칭군은 여섯 개의 별개
원소를 가진 이등변삼각형을 다루듯 해서는 안 된다〔p. 270〕.
원의 대칭군을 리 군이라고 칭한다. 다른 말로 표현하면
연속적인 매개변수화continuous parametrization라고도 말한다.

    연속군 이론이 이산군discrete groups 이론보다 훨씬
복잡하다는 사실은 특별히 놀랍지 않다. 그중 리 군이
가장 이해하기 쉬운 편이다. 리 군은 매개변수의 성질을
통해서만 나타낼 수 있지만, 연속적 구조만을 이어받은
것은 아니다. 리 군은 미분이 가능한 다양체라고도 하는데,
위상공간의 특정한 종류이기도 하다〔p. 336〕.

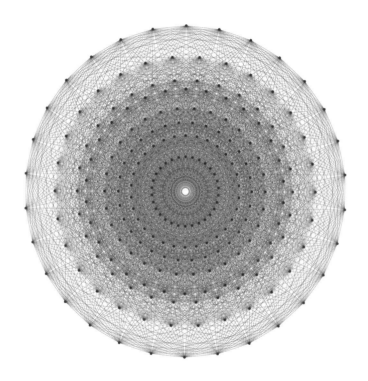

E8 리 군의 도해적 표현

환

환은 두 개의 이항연산으로 원소의 집합을 포함하는 추상적인 수학 구조이다. 군은 단 하나의 이항연산을 포함하며 원소를 포함하는 집합 하나를 갖는데 환은 군과 반대이다. 환 이론에서 이루어지는 연산들은 주로 덧셈이나 곱셈이라 불린다. 그리고 군에서와 마찬가지로, 연산이 집합의 두 원소를 대상으로 진행되면, 그 결과로 집합 내에 다른 원소가 나온다. 그러므로 환 내에 위치하게 된다.

군은 내부에서 이루어지는 연산에서 교환할 수 있다는(p.24) 보장이 없다. 하지만 환은 군과는 달리, 덧셈 연산에서 항상 교환법칙이 성립한다. 다른 말로 하면, 모든 원소 a와 b에서 $a+b$는 $b+a$와 동일하다. 환의 원소들이 덧셈에 대해 군을 형성하기 위해서는 덧셈에 대한 항등원과 역원이 존재해야 한다. 곱셈은 결합법칙을 따라야 한다(p.24).

마지막으로 덧셈과 곱셈 연산의 결합을 결정하는 두 가지 법칙은 또한 지속적인 반응을 보인다. 이 법칙들 때문에 덧셈에 대해 곱셈의 분배법칙이 성립한다는 뜻이다.

$$a \times (b + c) = (a \times b) + (a \times c)$$
$$그리고 \ (a + b) \times c = (a \times c) + (b \times c)$$

정수, 유리수, 실수는 모두 환의 형태이다. 그러나 일반적인 환은 이러한 사례들과 다른 성질을 보유한다. 예를 들면, 만약 $a \neq 0$이라고 하자. 0은 임의의 원소에 더해도 그 원소를 변화시키지 않기 때문에 덧셈의 항등원이다. $a \times b = 0$이라면 b가 0이라고 결론지을 수 없다. 비록 이것이 유리수, 정수, 실수에 있어서 항상 성립되지만 말이다. 이와 비슷한 이유로, 만약 $a \times b = a \times c$라고 해도 b와 c가 꼭 동일하지는 않다.

이러한 제한이 존재함에도 불구하고 환은 수학의 다양한 분야에서 등장한다. 특히 군 이론에서 많이 찾아볼 수 있다. 곱셈을 취소하는 것 같은 기능을 작용시키려면, 대수적 구조에 더 많은 제한을 두어야 한다. 이는 체fields 연구로 이어진다〔p. 282〕.

체

체는 하나의 집합과 두 개의 이항연산을 포함하는 대수적 구조이다. 환처럼 이러한 연산들은 덧셈과 곱셈으로 알려져 있고, 집합에서와 마찬가지로 덧셈 연산과 함께 분배군을 형성한다. 그렇지만 곱셈은 체에서도 교환법칙을 따른다. 그러므로 임의의 원소 a와 b가 존재할 때 $a \times b = b \times a$이며 집합은 곱셈과 함께 분배군을 형성한다. 덧셈에 대한 항등원 원소를 제외하고는 말이다. 환의 분배법칙 또한 성립한다〔p.281〕.

이는 곧 덧셈에 대한 항등원을 제외하고 모든 원소를 체에서 나눌 수 division 있다는 뜻이다. 또한 환에서와는 달리 $a \times b = a \times c$이고 a가 0이 아니라면, b와 c는 같다. 그러므로 체에서는 덧셈과 곱셈을 할 때 일반 수들이 갖는 기능이 환에서 갖는 기능보다 훨씬 많다. 정수, 유리수, 실수는 모두 환이자 체이다. 또 다른 예는 a와 b가 유리수일 때 $a + b\sqrt{2}$의 형태로 쓸 수 있는 수의 집합이다.

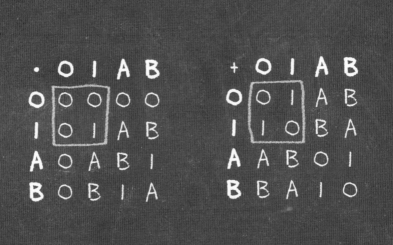

위의 두 개의 표는 네 개의 원소를 가진 단순한 체에서
덧셈과 곱셈 연산을 나타낸다. 네 개의 원소는 I, O, A, B이다.
여기서 I는 곱셈에 대한 항등원이고 O는 덧셈에 대한 항등원이다.

갈루아 이론

갈루아 이론은 프랑스의 수학자인 에바리스트 갈루아Evariste Galois가 제시한 이론이다. 그는 스무 살에 결투로 사망했다. 갈루아 이론은 군 이론을 다항식(p. 184)의 해를 구하는 것과 연결시킨다.

16세기 후반에 이차, 삼차, 사차방정식의 일반 해가 알려졌다. 하지만 그보다 고차원 다항식의 해는 알려지지 않았다. 비록 다항식의 해는 대수적 조작에 기반을 둔 것처럼 보이지만, 에바리스트 갈루아는 군 이론을 통해서 다항식이 닫힌 해를 가졌는지 알 수 있다고 증명했다. 여기에 간단한 대수적 연산도 포함된다.

에바리스트 갈루아는 해가 존재하는 방정식들이 서로의 형태로 변화하는 방식을 연구했다. 그는 닫힌 형식의 해가 존재한다는 것이 연관된 군을 교환할 수 있는지 여부와 관련이 있다는 것을 찾아냈다. 그가 구축한 해를 가진 군 중 오직 처음 네 개에서만 교환법칙이 성립되었다. 이는 곧 4차 혹은 그 이하의 다항식만이 간단한 대수적 공식을 통해 일반화된 풀이를 갖는다는 사실을 알려 준다.

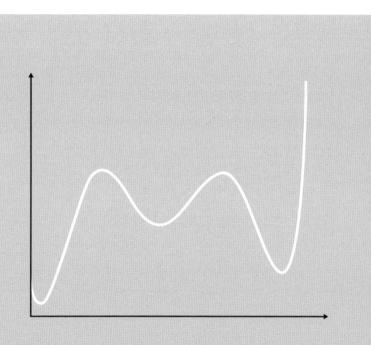

갈루아 이론은 육차방정식(6도 다항식)에 일반화된 해를 찾는 것이
불가능하다고 말한다. 이 그래프가 그 사실을 보여 준다.

가공할 헛소리

가공할 헛소리 가설을 보면 수학에서 다른 두 분야의
연결 고리를 찾을 수 있다. 이 가설은 영국의 수학자들인
존 콘웨이John Conway와 사이먼 노튼Simon Norton이 제시했다.
그 이전에 1978년의 한 세미나에서 존 케이John Kay는
기묘한 우연에 대해서 설명한 바 있다. 존 케이는 펠릭스
클라인Felix Klein이 정수론에서 정의한 함수의 확장에서 계수가
196,884라는 사실을 알아차렸고, 이것이 196,883에서 딱
1만큼 떨어져 있다는 것을 알아냈다. 여기서 196,883은 몬스터
군의 크기를 행렬의 형식으로 나타낸 것이다.

몬스터 군을 나타내는 것과 대수적 정수론이라는 두
분야가 왜 긴밀하게 연결되어 있는지에 대한 해답은 다른
수학 분야에서 사용되고 있다. 꼭짓점 연산자 대수vertex operator
algebra를 이용한 이론물리학에서 말이다. 리처드 보처즈Richard
Borcherds는 이론물리학의 등각장론conformal field theory은 이것의
깊은 관계를 설명해 준다고 주장했다. 그는 이 연구로
수학에서 가장 권위 있는 상인 필즈상Fields Medal을 수상했다.
그러나 양자론, 대수학, 위상수학과 정수론 사이의 관계는
아직 자세히 연구되지 않았다.

복소수

　복소수는 실수의 확장으로, 음수의 제곱근을 이해하도록 돕는다. 모든 복소수 z는 $a + bi$의 형태로 나타낼 수 있다. 여기서 a와 b는 실수이며 i는 -1의 제곱근이다. 그러므로 $i^2 = -1$이고, a는 z의 실수 부분이고 b는 허수 부분이다.

　만약 (a, b)를 데카르트좌표 대하듯 다룬다면, 복소수의 기하학을 탐구할 수 있다. 오른쪽에 등장하는 그림을 아르강 도표Argand diagram라고 부른다. 평면에 위치한 점처럼, 모든 복소수 z는 원점에 대한 거리를 갖는데, 이것을 z의 절댓값이라 부르고 $|z|$로 표기한다. 피타고라스의정리에 따르면 $|z|$를 a와 b를 이용해 계산할 수 있는데 $|z|^2 = a^2 + b^2$이다.

　모든 복소수는 또한 각도를 갖는다. x축을 기반으로 하며 z의 편각argument이라고 부른다. 그러므로 하나의 복소수는 절댓값 $|z|$와 각 θ로 나타낼 수 있는데, $z = |z|(\cos\theta + i\sin\theta)$이다.

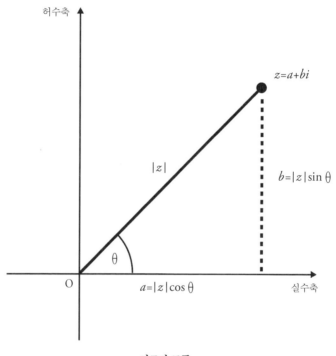

아르강 도표

복소수의 기하학

아르강 도표를 이용한 복소수의 기하학적 해석은 복소수의 두 가지 성질을 간단하게 이해하도록 도와준다. 이 두 가지 성질은 바로 켤레복소수와 삼각 부등식이다.

$z = a + bi$의 켤레복소수는 z^* 혹은 $\bar{z}$로 표기하는데, $a - bi$로 z의 상을 실제 x축에 반사한 것이다. 간단한 연산을 통해서 $|z|^2 = zz^*$임을 알 수 있다. 또한 z의 실수와 허수 부분이 다음과 같이 표기될 수 있다는 사실을 알 수 있다. 이는 복소수와 그 복소수의 켤레복소수의 합과 차를 이용한 것으로, $\frac{z+z^*}{2}$와 $\frac{z-z^*}{2i}$이다.

삼각 부등식은 삼각형의 가장 긴 변은 다른 두 변의 합보다 작아야 한다는 명제를 수학적으로 표현한 것이다. 두 복소수의 합은 두 벡터(p.244)의 합과 기하학적으로 같다. 이때 복소수를 이루는 요소는 실수 및 허수 부분이다. 그러므로 복소수 z와 w 그리고 $z + w$에서 $|z + w| \leq |z| + |w|$이다. 이것을 삼각 부등식이라고 부른다.

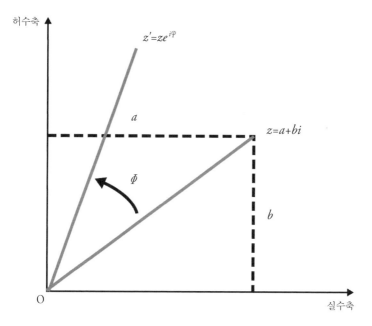

복소수를 기하학적 관점에서 보면 $z=|z|e^{i\phi}$이므로

복소수 e^i를 곱하면 $ze^{i\phi}=|z|e^{i(\theta+\phi)}$이다. 이는 각도 θ만큼 회전한 것과 같다.

뫼비우스 변환

뫼비우스 변환은 복소평면의 함수로 원과 직선을 원과 직선으로 사상map한다. 뫼비우스 변환은 $f(z) = \frac{az+b}{cz+b}$ 의 형식을 갖고, 여기서 $ad - bc \neq 0$ 이며 a, b, c, d는 복소수이고 z는 복소변수complex variable이다.

이러한 뫼비우스 변환은 하나의 군(p.268)을 형성한다. 이때 군의 연산은 2×2 행렬의 연산과 같고 a, b, c, d로 나타낸다. 무척 중요한 사실은, 바로 뫼비우스 변환이 각도를 보존한다는 것이다.

뫼비우스 변환은 물리학에서도 사용된다. 예를 들면, 2차원 유체 모형을 더 간단한 것으로 변환시키는 것이다. 이렇게 하면 문제 해결이 훨씬 쉬워지고, 문제 해결 후 2차원으로 되돌릴 수도 있다.

또한 뫼비우스 변환을 이용해서 복잡한 2×2 행렬에서 군의 몇몇 기능을 시각화할 수 있다. 다음 페이지에 나오는 것처럼 시각적으로 아름다운 그래프를 형성한다.

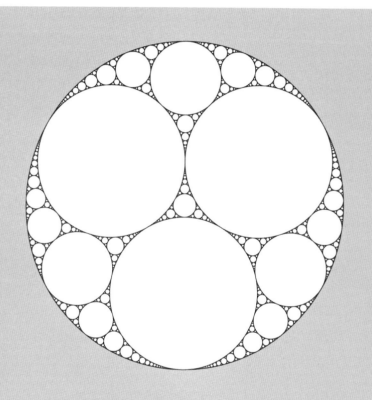

아폴로니우스 개스킷은 뫼비우스 변환으로 만들어 낼 수 있는 놀라운 패턴 중 하나다.

복소 멱급수

복소 멱급수, 혹은 복소 테일러급수는 무한한 급수이다. 이는 $a_0 + a_1 z + a_2 z^2 + a_3 z^3 + \cdots\cdots$ 의 형식을 띠며, 이때 계수 a_k는 모두 복소수이다. 더욱 일반적으로, z의 지수를 고정된 복소수 z_0을 이용해서 $(z - z_0)$의 지수로 대체할 수 있다.

실수의 멱급수(p.106)에서와 마찬가지로, 멱급수의 이론에서도 수렴을 빼놓을 수 없다. 수렴을 확립하는 한 가지 방법은 각 항의 절댓값의 합 $|a_0| + |a_1 z| + |a_2 z^2| + |a_3 z^3| + \cdots\cdots$ 을 등비급수(p.100) $1 + r + r^2 + r^3 + \cdots\cdots$ 와 비교하는 것이다.

모든 z의 값에 대해 멱급수가 수렴한다면 급수로 인해 만들어진 함수는 전해석적이라고 한다. 전해석적 함수entire functions는 복소 다항식과 복소 지수를 포함한다. 멱급수가 z_0에 가까운 z의 값에 수렴한다면, 이 급수의 수렴 반지름은 가장 큰 r값으로 z_0을 중심으로 하는 반지름 r인 원 내부의 모든 z에 수렴한다.

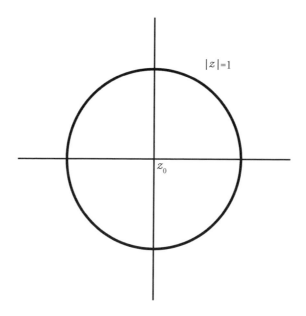

복소 멱급수의 절댓값. 임의의 점에서 발산과 주어진 점 z_0에 대한
수렴 반지름을 나타낸다.

복소 지수

복소 지수는 우리가 지수(p. 194)의 정의를 구하고 이를
복소수 $z = x + yi$에 적용할 때 생겨난다. z의 지수 e^{x+yi}를
$e^x e^{yi}$로 나타낼 수 있으므로 이 값에서 일부는 허수를 갖는다.
이것이 복소 지수인데 e^{yi}로 표기한다. 여기서 e^x는 일반적인
실수 지수이다.

사실 e^{yi}를 멱급수(p. 106)로 나타내고 실수와 허수 항을
나누는 것은 다음과 같은 결론을 낸다.

$$e^{yi} = \cos y + i \sin y$$

그러므로 삼각함수는 실제로는 기하학적이지 않고, 복소
지수이다. 이 놀라운 발견은 실용적으로 중요하게 사용된다.
먼저 공학자들은 복소수를 사용해서 교류alternating current
모형을 만든다. 그리고 물리학자들은 복합 파형 함수complex
wave function를 사용해서 양자역학에서 나타나는 현상의 확률을
설명한다.

지수함수와 복소수로 시작해서 기하학적 해석을 도출해
내는 것이 수학적으로 더 자연스러울 수 있다. 여기서 알고

넘어가야 할 사실은 바로 e^{-yi}에 맞는 공식을 쓰면 사인 및 코사인함수를 지수의 합과 차로 나타낼 수 있다는 것이다.

복소 지수와 사인함수 및 코사인함수의 관계는 수학에서 가장 아름답다고 여겨지는 방정식들을 형성한다. 이중 하나가 오일러 항등식Euler's identity인데, 연구에서 가장 중요한 다섯 가지 숫자인 0, 1, e, π, i를 연결한다. 오일러 항등식은 $y = \pi$를 이전 방정식에 대입하여 얻을 수 있다. $\cos \pi = -1$이고 $\sin \pi = 0$이므로, 이 방정식은 $e^{yi} = -1$이 된다. 만약 1을 방정식의 반대편으로 이동시키면 다음과 같은 결과가 발생한다.

$$e^{\pi i} + 1 = 0$$

이 모든 과정의 결과가 하나 더 있는데, 절댓값 $|z| = r$에 대해서 $z = x + yi$라고 나타낼 수 있다. 또한 $z = r(\cos \theta + i \sin \theta)$이므로 복소수의 절댓값 논증modulus−argument description은 $z = re^{i\theta}$로 구할 수 있다.

복소함수

복소함수 $f(z)$는 복소수 $z = x + yi$의 함수다. $f(z)$가 복소함수이므로, 실수와 허수 부분을 갖는데 주로 $u + vi$로 나타낸다. 솔직히 표현하자면, 복소함수 이론은 아주 기묘하고, 복소 해석학 세계의 특징적인 결과들을 만들어 낸다. z의 함수라는 존재는 매우 제한적이기 때문이다. 이 함수는 켤레복소수 z^*를 사용하지 않고 나타내야 한다. 그러므로 z의 실수 부분은 복소함수가 아니다.

이러한 복소함수의 특별한 점은 복소함수가 반복될 때 특히 두드러지게 나타난다(p.96). 반복 중에 새로운 숫자가 그 이전 숫자의 함수로 정의되며, 전체 과정이 또다시 반복된다. 이 접근을 통해서 형성되는 수열이 바로 동역학계라고 불리는 연구 분야의 주제가 된다. 오른쪽의 그림은 $c + z^2$과 같은 간단한 복소함수로 만든 아름다운 구조들이다. 이 구조를 보면 반복을 통해 무한대로 향하지 않는 점의 집합을 볼 수 있는데, 이는 흔히 쥘리아 집합으로 알려져 있다.

복소 미분

복소함수의 도함수는 실함수의 도함수와 동일한 방법으로 정의된다(p. 208). 이것은 입력이 변화할 때 함수가 어떻게 변화하는지를 측정한다. 그러므로 z에서 f의 미분이 만약 존재한다면, 도함수는 $f'(z)$이다. 복소 변수 w가 z에 가까워질 때 $f(w) - f(z)$는 $f'(z)(w - z)$로 가까워지는 구간에서 z에 대한 미분이다. 따라서 만약 $f(z) = z^2$이라면 이것의 미분(z)은 예상대로 $2z$이다.

극한의 2차원 속성과 복소함수의 특정 형식 때문에 이러한 정의를 만족시키는 것은 생각보다 훨씬 많은 제한을 함수에 가하게 된다. 예를 들어 만약 $z = x + yi$이고 $f(z) = u + vi$라면 f는 오직 코시-리만 관계Cauchy-Riemann relations라는 규칙이 편도함수 $\frac{\partial u}{\partial x} = \frac{\partial v}{\partial y}$와 $\frac{\partial u}{\partial y} = -\frac{\partial v}{\partial x}$를 만족시키는 경우에만 복소 미분이 가능하다. 이것은 u와 v가 $\frac{\partial^2 u}{\partial x^2} + \frac{\partial^2 v}{\partial y^2} = 0$의 식을 만족시키는 조화함수harmonic function라는 것을 암시한다. 이것이 수리물리학에서 가장 널리 쓰이는 방정식 중 하나인 라플라스 방정식이다.

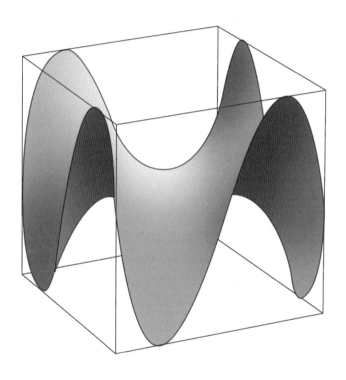

조화함수

해석함수

해석함수는 복소함수 중 미분을 할 수 있는 함수이다.
미분이 가능하려면 복소함수는 라플라스 방정식을
만족시켜야 하기 때문에〔p.300〕이 함수는 미분을 두 번 할
수 있다. 두 번 미분할 수 있는 함수가 한 번 미분할 수 있는
함수보다 적을 것이라고 자연스럽게 예측할 수 있을 테지만
실상은 그렇지 않다. 복소함수의 미분이 극도로 어렵기
때문에 만약 어떤 복소함수를 미분할 수 있다면 그 함수는
무한히 미분할 수 있다는 추측을 할 수 있다. 복소함수의
미분은 실수 함수를 미분하는 것〔p.208〕과는 매우 다르다.

복소함수의 미분이 하나 존재할 수 있다면 무한한 개수가
존재할 수 있다. f와 g가 두 해석함수라고 가정하자. f와
g는 각각 복소평면의 특정 영역에 수렴하는 테일러급수를
보유한다. 만약 이 두 영역이 겹치고, 겹치는 구역에서
$f(z) = g(z)$라면, 모든 곳에서 $f(z) = g(z)$이다. 이 방법을
해석적 연속analytic continuation이라고 부르는데, 리만 제타
함수〔p.394〕를 분석할 때 사용된다.

해석적 연속: 이 그림을 보면 복소평면에서 겹치는 영역을 알 수 있다. 만약 함수의 테일러급수가 한 영역으로 수렴하고, 다른 함수의 테일러급수가 두 번째 영역으로 수렴하며, 겹치는 구간에서 두 함수가 동일하다면, 그들은 동일한 해석함수의 테일러 함수이다.

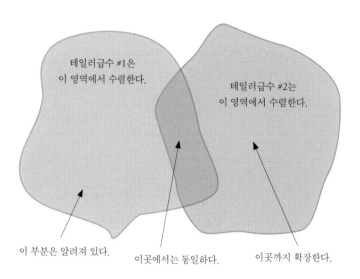

테일러급수 #1은
이 영역에서 수렴한다.

테일러급수 #2는
이 영역에서 수렴한다.

이 부분은 알려져 있다.

이곳에서는 동일하다.

이곳까지 확장한다.

특이점

특이점은 복소함수가 정의될 수 없는 점을 말한다. 해석적
연속으로 제거된다면 특이점을 제거할 수 있고, $n > 0$일 때
$\frac{1}{(z-z_0)^n}$ 과 같이 행동한다면 극 특이점이다. 아래에 정의된
로랑 급수Laurent series가 음수의 거듭제곱인 무한한 항을
가지고 있다면 전성 특이점이라고 하며 함수가 여러 값을
가진다면 분기점branch points이 존재한다.

만약 $f(z)$가 극 가까이 있을 때 z의 음수 거듭제곱을
포함하는 멱급수로 정의된다면 다음과 같다.

$$f(z) = \frac{a_{-n}}{(z-z_0)^n} + \cdots\cdots + \frac{a_{-1}}{(z-z_0)} + a_0 + a_1(z-z_0) + \cdots\cdots$$

이것은 로랑 전개Laurent expansion인데, 해석함수가 아니고
일반 테일러 전개로 표현될 수 없는 복소함수를 나타낼 때
쓰인다. 로랑 전개와 관계가 있는 뉴턴-퓌죄 전개Newton-
Puiseux expansion는 z의 분수 거듭제곱을 포함할 수 있는
일반화된 멱급수이다. 이것은 한 함수가 유일한 값을 가질
때 새로운 물체를 만들어 내는 데 사용된다. 여기서 새로운
물체란 리만 곡면이다.

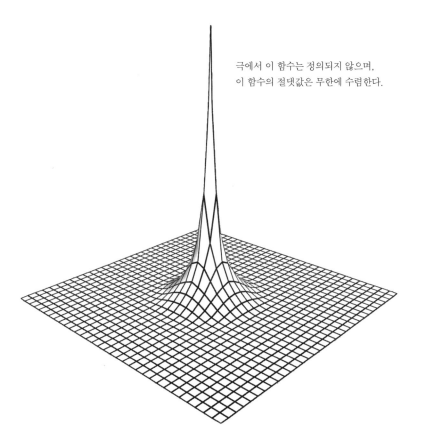

극에서 이 함수는 정의되지 않으며,
이 함수의 절댓값은 무한에 수렴한다.

리만 곡면

리만 곡면은 복소평면의 다가함수가 곡면에서 하나의 값만을 갖게 되는 것이다. 복소수 $z = |z|e^{i\theta}$의 자연로그 $\ln(z)$는 $\ln(|z|) + i\theta$이다. 그러나 $e^{2\pi i} = 1$이기 때문에 오일러 항등식[p.297]을 사용하면 $z = |z|e^{i(\theta+2\pi)}$이다. 따라서 $\ln(z)$는 $\ln(|z|) + i(\theta+2\pi)$이다. 사실 모든 정수 값 k에 대해 $\ln(|z|) + i(\theta+2k\pi)$이므로, 모든 정수 k에 대해 $\ln(z) = \ln(|z|) + i(\theta+2k\pi)$이다. 이것이 복소 다가함수multivalued complex function이다. 이것과 약간 다른 사례는 바로 z의 제곱근이다.

오른쪽의 리만 곡면은 자연로그의 다른 부분들을 분리해서 다가성을 없앤 것이다. 평면에서와는 달리, 만약 중심 열을 한 바퀴나 2π 라디안만큼 움직인다면 같은 위치로 돌아오지 않을 것이다. 그렇기 때문에 로그는 곡면 위에서 하나의 값만 가질 수 있다. 리만 곡면의 일반 이론은 복소평면의 여러 복잡한 모형들로 어떻게 다양한 일가함수single valued function들을 만들 수 있는지 보여 준다.

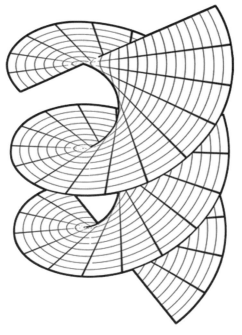

리만 곡면의 표현

복소 적분

미분과 동일하게 복소평면에서 일어나는 적분은 2차원에서 선에 대한 적분의 비유로 정의할 수 있다〔p.236〕. 복소함수는 폐곡선을 적분할 때 놀라운 결과가 생긴다.

복소함수 중 미분이 가능한 해석함수〔p.302〕의 폐곡선에 대한 적분은 0이 된다. 이것이 코시 정리Cauchy's theorem이다. 로랑 급수를 갖는 함수〔p.304〕는 극을 포함한 폐곡선에서 적분할 수 있다. 여기서 해석함수는 0으로 적분되고, z^{-1}을 제외한 z^{-n} 또한 적분된다. 그 결과 이 항만이 영향을 미치는데, $\ln(z)$로 적분된다. 폐곡선에서 $\ln(z)$의 변화는 $2\pi i$이고, 이는 결국 $2\pi a i_{-1}$을 낸다. 이때 각은 2π를 따라 움직인다.

계수 a_{-1}은 유수residue라고 불린다. 따라서 폐곡선 위에 있는 f의 적분은 곡선으로 감싸인 유수의 합에 $2\pi i$를 곱한 것과 같다(양극에서 얻은 값을 각각 따로 더한 것이다).

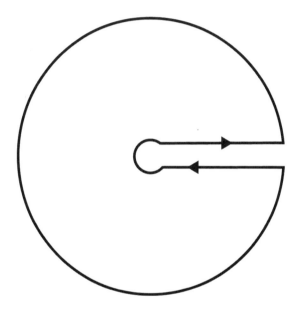

복소 방법을 이용해 실수 함수의 적분을 평가하기 위해 이용되는
복소평면 위의 적분을 표현한 전형적인 곡선이다.

망델브로 집합

    망델브로 집합은 복소수의 집합으로 동역학계를 연구할 때 나타난다. 망델브로 집합은 C라고 칭하는 복소수의 집합이다. 이때 원점인 $z_0 = 0$에 대한 복소수의 집합은 반복되는 $z_{n+1} = C + z_n^2$의 조건에서 무한으로 향하지 않는다. $z_0 = 0$일 경우 $z_1 = C$이기 때문에, 이것을 다른 방식으로 나타내는 복소수 C 그 자신의 반복은 유계bounded적이다. 이것은 0이나 C에 의해 정의되지만, 망델브로 집합 내의 복소수이기 때문에 쥘리아 집합〔Julia set, p. 298〕에 대해서도 정보를 제공한다.

    망델브로 집합의 상은 숫자를 이용해서 만든다. C의 다양한 값을 선택하고 그 값이 반복하는 조건에서 충분히 커지는지 살펴보고 무한대로 이어질지를 알아보는 것이다. 이때 구체적인 부분을 채우기 위해서는 후진 반복backward interation처럼 영리한 방법을 사용한다. 무한으로 향하지 않는 부분은 검은색으로 칠해서 다음 페이지에 등장하는 놀라울 정도로 아름답고 유명한 상을 만든다. 망델브로 집합의 경계선인 프랙털은 무한히 복잡하며 세부적으로 자기 유사self-similar의 구조를 가진다〔p. 338〕.

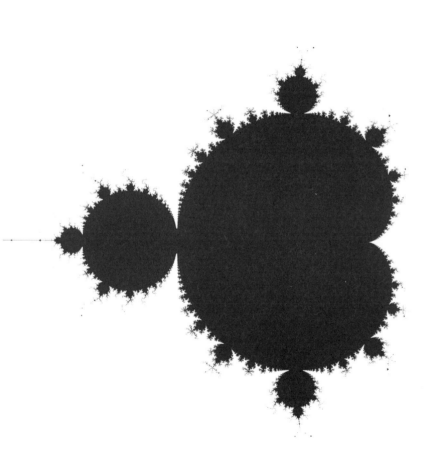

조합론

조합론은 셈을 다루는 수학의 한 분야이다. 포커를 칠 때 선수는 다른 사람이 특정 카드를 가지고 있을 가능성을 고려한다. 마찬가지로, 조합론에서는 모든 다른 결과를 나열하지 않고도 대상의 수 또는 상황의 가능성을 찾는 학문이다.

조합론은 확률, 최적화, 수론과 같은 여러 가지 문제에서 핵심적인 역할을 한다. 일종의 예술이라 할 수 있는 조합론을 탐구한 훌륭한 수학자로는 오일러, 가우스 그리고 더욱 현대적인 인물인 헝가리의 유별난 수학자 폴 에르되시Paul Erdös가 있다. 과거에는 조합론에 통합적인 기술과 방법이 존재하지 않았다. 그래서 당시 조합론은 이론적 기반을 갖지 못한 학문으로 여겨졌다. 그러나 상황이 변하기 시작하고 있으며, 최근의 진보와 성공은 조합론 자체가 하나의 학문적 주제로 성장하고 있음을 증명한다.

비둘기 집 원리

비둘기 집 원리는 간단한 이론으로 많은 응용이 가능하다. 101마리의 비둘기를 소유하고 있다고 가정하자. 이때 100개의 비둘기 상자를 보유하고 있다면 100개 중 최소한 하나에는 두 마리 이상의 비둘기가 들어 있어야만 한다. 좀 더 일반적인 용어로 표현하자면, $m > n$일 때, n개의 상자와 m개의 사물이 있는 경우, 적어도 하나의 상자에 두 개 이상의 사물이 포함되어 있다.

다양한 상황에 이 원리를 적용할 수 있다. 예를 들면, 100만 명 이상의 대머리가 아닌 거주자가 사는 도시가 있다고 하자. 이때 동일한 수의 머리카락을 가진 거주자가 최소한 두 명 이상 산다는 것을 증명한다. 이 증명은 사람들이 약 15만 가닥의 머리카락을 가지고 있으며 머리카락의 최대 수는 90만 가닥이라는 가정을 전제한다. 그러므로 우리에게는 100만 명의 대머리가 아닌 주민(m)과 90만 가닥의 가능한 머리카락의 수(n개의 상자)가 있다. $m > n$이기 때문에 비둘기 집 원리는 동일한 수의 머리카락을 가진 도시 거주자가 적어도 두 명 이상 존재한다는 사실을 보여 준다.

그린-타오 정리

그린-타오 정리는 조합론을 사용해 소수의 패턴을
연구한다. 그린-타오 정리에 따르면 임의적으로 긴
등차수열(arithmetic progression, p. 98)은 소수의 수열을 사용해
찾을 수 있다. 이때 소수는 연속적인 소수가 아닐 수도 있다.

예를 들면, 첫 소수 3, 5, 7은 각 수에 2를 더해 연결된
수열을 형성한다. 소수 199, 409, 619, 829, 1039, 1249,
1459, 1669, 1879, 2089는 210의 덧셈으로 연결된다. 그러나
2089 + 210 = 2299에서 2299는 소수가 아니다. 따라서 이
수열은 열 개의 항이 지나면 무너진다.

소수의 목록 안에 있는 이러한 짧은 수열은 오랜 시간
동안 알려져 있었다. 하지만 동역학계와 수론을 사용해
이를 증명하려는 시도는 모두 실패로 돌아갔고, 2004년에
이르러서야 벤 그린Ben Green과 테렌스 타오Terence Tao가
조합론을 이용해서 이 가설을 성공적으로 증명했다.

2	3	5	7	11	13	17	19	23	29	31	37	41	43	47	53	59	61	67	71
73	79	83	89	97	101	103	107	109	113	127	131	137	139	149	151	157	163	167	173
179	181	191	193	197	**199**	211	223	227	229	233	239	241	251	257	263	269	271	277	281
283	293	307	311	313	317	331	337	347	349	353	359	367	373	379	383	389	397	401	**409**
419	421	431	433	439	443	449	457	461	463	467	479	487	491	499	503	509	521	523	541
547	557	563	569	571	577	587	593	599	601	607	613	617	**619**	631	641	643	647	653	659
661	673	677	683	691	701	709	719	727	733	739	743	751	757	761	769	773	787	797	809
811	821	823	827	**829**	839	853	857	859	863	877	881	883	887	907	911	919	929	937	941
947	953	967	971	977	983	991	997	1009	1013	1019	1021	1031	1033	**1039**	1049	1051	1061	1063	1069
1087	1091	1093	1097	1103	1109	1117	1123	1129	1151	1153	1163	1171	1181	1187	1193	1201	1213	1217	1223
1229	1231	1237	**1249**	1259	1277	1279	1283	1289	1291	1297	1301	1303	1307	1319	1321	1327	1361	1367	1373
1381	1399	1409	1423	1427	1429	1433	1439	1447	1451	1453	**1459**	1471	1481	1483	1487	1489	1493	1499	1511
1523	1531	1543	1549	1553	1559	1567	1571	1579	1583	1597	1601	1607	1609	1613	1619	1621	1627	1637	1657
1663	1667	**1669**	1693	1697	1699	1709	1721	1723	1733	1741	1747	1753	1759	1777	1783	1787	1789	1801	1811
1823	1831	1847	1861	1867	1871	1873	1877	**1879**	1889	1901	1907	1913	1931	1933	1949	1951	1973	1979	1987
1993	1997	1999	2003	2011	2017	2027	2029	2039	2053	2063	2069	2081	2083	2087	**2089**	2099			

2100까지의 소수 중 210을 더해서 생성된 소수의 수열이다.

쾨니히스베르크의 다리 건너기 문제

쾨니히스베르크의 일곱 개 다리는 유명한 수학적 문제로, 이 문제를 해결하려는 시도는 그래프론이라는 새로운 분야의 개척으로 이어졌다. 18세기 프로이센의 쾨니히스베르크(현재 러시아의 칼리닌그라드Kaliningrad)에는 프레겔 강River Pregel을 가로질러 네 개의 육지를 연결하는 일곱 개의 다리가 있었다. 문제는 각 다리를 한 번씩만 건너서 모든 육지를 돌아다닐 수 있는지 여부를 묻는다. 사람들은 시행착오를 겪으며 이 문제가 매우 어렵다는 것을 깨달았고, 결국 1735년에 오일러는 수학적으로 이것이 불가능하다고 결론을 지었다.

여기서 육지의 각 영역에 대해 추상적인 점 혹은 꼭짓점, 다리를 연결하는 변이라고 가정해서 지도의 지형을 그래프로 바꾸면 불필요한 부분을 없앨 수 있다. 육지를 돌아다닐 때, 오직 변을 통해서 꼭짓점으로 들어가고 나갈 수 있다. 다리를 오직 한 번만 지나가려면 각 꼭짓점을 짝수 개의 변과 연결해야 한다. 꼭짓점이 홀수의 변을 가지고 있기 때문에 초기 요구 사항을 충족하는 경로는 없다.

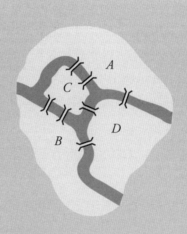

쾨니히스베르크 다리 문제를 상징하는 단순한 지도 (위)
꼭짓점과 변을 통해 나타낸 그래프 (아래)

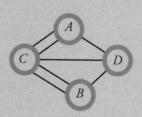

그래프론

그래프론은 연결에 대한 학문이다. 함수의 그래프와는 달리, 이 맥락에서 그래프는 선이나 변으로 합쳐진 추상적인 점 또는 꼭짓점으로 구성된다. 여기서 변을 통해서 연결된 꼭짓점의 수열을 경로path라고 한다.

그래프는 복잡한 조합론 문제를 해석할 때 유용하게 쓰인다. 그리고 종종 그 해답은 그래프에서 주어진 길이의 경로의 개수를 계산하거나 그래프에 포함된 부분 그래프를 이해하는 작업이 포함되어 있다.

초기에 많이 응용된 그래프론은 전류의 흐름을 반영하는 간선에 가중치를 두는 전기회로 연구 분야에서 발전했다. 파이프나 공급 망을 통한 유량의 가중치를 나타내는 그래프는, 네트워크를 통해 최대 유량을 설정하는 데 사용된다. 그래프론은 물리적 과정이나 물류 과정의 모형을 만드는 것을 돕는다. 최근 들어서 인터넷이 그래프의 일종으로 간주되고 있다. 또한 세포에서 화학물질과 유전자 사이에 일어나는 많은 상호작용에 관한 모형도 그래프론을 기반으로 한다.

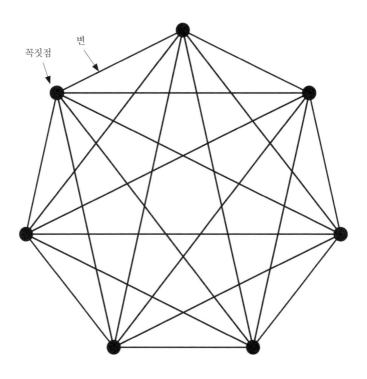

꼭짓점

변

4색 정리

4색 정리는 고전적인 수학 사례 연구이다. 같은 경계선을 공유하는 두 지역이나 국가가 혼동되지 않도록 지도를 완성해야 한다. 이때 사용할 수 있는 최소 색상의 수가 총 네 개라는 것이 꼭짓점 색칠 문제이다.

꼭짓점 색칠 문제를 그래프론의 언어로 표현해 보자. 이때 각각의 영역을 꼭짓점으로 나타내고, 변을 이용해서 경계를 공유하는 두 개의 꼭짓점을 연결할 수 있다. 여기서 문제는 각 꼭짓점을 하나의 색상만 갖도록 하고, 인접한 두 개의 꼭짓점이 동일하지 않게 하는 것이다.

이 수많은 사례의 분석이 필요하기 때문에 컴퓨터를 통한 검증이 필요하다. 1980년대 말에 케네스 아펠Kenneth Appel과 볼프강 하켄Wolfgang Haken은 컴퓨터 프로그램을 사용해 2,000개 이상의 특별한 사례들을 점검해, 꼭짓점 색칠 문제의 정확성을 확립했다. 그 이후로 더욱 고전적인 방법들이 성공적으로 적용되었으며 2005년에는 공식적인 분석적 증명이 완성되었다.

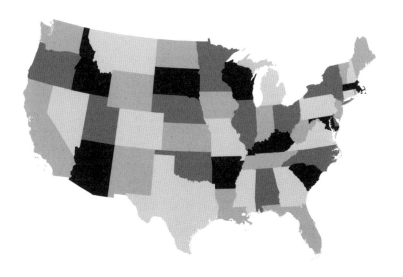

미국 대륙의 지도이다. 각각 다른 색 네 가지만 있다면,
그 어떤 주도 인접하는 주와 색을 공유하지 않는다.

랜덤 그래프

랜덤 그래프는 임의의 과정으로 꼭짓점 사이의 변을 선택하는 그래프이다. 랜덤 그래프를 만들려면, N개의 꼭짓점과 각 꼭짓점 쌍에 대해 p의 확률로 변을 만들거나 $1-p$의 확률로 변을 가지지 않는다고 해 보자. N이 무한대로 수렴함에 따라 이러한 그래프의 속성은 p와 독립적이게 된다. 이 극한 그래프를 랜덤 그래프라고 한다.

랜덤 그래프에는 항상 두 개의 꼭짓점을 연결하는 경로가 있다. 이 그래프를 연결되어connected 있다고 말한다. 또한 두 개의 유한한 꼭짓점 집합이 주어지면 하나의 집합에는 모든 변과 연결된 꼭짓점이 존재하고 다른 집합에는 모든 변에도 연결되지 않은 꼭짓점이 있다. N이 증가함에 따라 랜덤 그래프가 진화하는 방식은 보통 흥미롭다. N이 작으면 그래프는 많은 작은 구성 요소를 포함하고 순환을 포함하지 않는다. 순환은 꼭짓점에서 자신으로 돌아오는 자명하지 않은 경로를 말하며 다음과 같을 때 연결 속성이 성립하지 않는다. 만약 p가 $\frac{\ln N}{n}$보다 조금 작으면 격리된isolated 꼭짓점들이 존재한다.

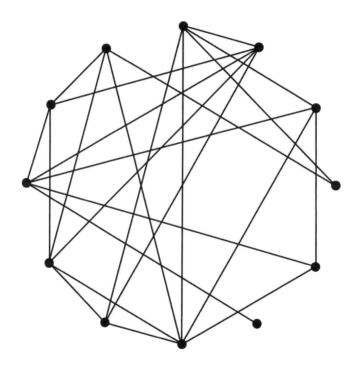

거리공간

　거리공간은 대상 간의 추상적인 거리 개념을 사용한다. 거리공간은 정의된 원소들 사이 거리의 집합(p.48)이다. 우리에게 가장 친숙한 거리공간은 3차원 유클리드 거리공간Euclidean metric이다. 이 거리공간에서 두 점 x와 y 사이의 거리는 그것들을 연결하는 직선의 길이로 정의된다.

　더 일반적으로 말하자면, 거리 d와 집합 X는 d가 집합 $d(x, y)$에 있는 점의 쌍들의 실수 함수이고, 다음 세 가지 조건들을 충족할 때 거리공간을 형성한다고 말할 수 있다.

1. 두 점 사이의 거리는 음수가 아니며 두 점이 같은 경우에만 0이다.
2. x와 y 사이의 거리는 y와 x 사이의 거리와 같다.
3. 어떤 점 z에 대해서, x에서 y까지의 거리는 x와 z 사이의 거리에 z와 y 사이의 거리를 더한 값보다 작거나 같다.

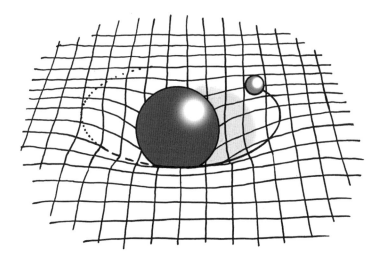

측지선

측지선은 곡면의 두 점 사이의 최단 경로이다. 평평한 표면에서는 이것이 직선임을 바로 알 수 있다. 하지만 곡면이 구부러진 경우 가장 짧은 경로는 조금 더 일반적인 곡선으로 나타낸다. 그리고 이 곡선은 곡면 위에서 가장 짧은 거리로 정의된다(p.326). 우리에게 가장 친숙한 종류의 비유클리드 측지선은 적도와 장거리 항공기의 비행경로처럼 커다란 원이다.

대부분의 경우 측지선은 두 대상 사이의 경로를 설명하는 미분 함수의 최솟값과 같이 적분을 사용해 결정된다. 이것은 아인슈타인의 일반상대성이론에서 측지선이 묘사되는 방식으로, 구부러진 시공간에서 사물의 경로를 나타낸다. 우주를 통과하는 최단 거리가 실제로는 측지선이다. 따라서 태양 주변 행성궤도의 불규칙성을 설명할 수 있다. 또한 블랙홀에 가까이 있는 가벼운 물체와 거대한 물체의 편향을 설명할 수도 있다.

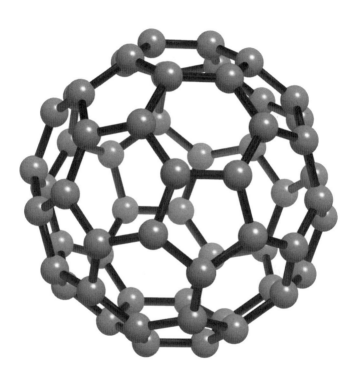

고정점 정리

고정점 정리는 적어도 하나의 고정된 점인 $f(x)=x$와 같은 점을 함수 $f(x)$가 갖는 조건을 제공한다. 브로우베르Brouwer의 고정점 정리를 보면, 기하학적 물체가 임의적으로 적합한 변형을 할 때 적어도 하나의 점은 변하지 않는다. 두 장의 종이가 있다고 가정하자. 한 장은 구겨서 원본 아래에 놓고, 어떤 부분도 그 범위를 벗어나 확장되지 않게 하라. 이때 고정점 방정식에 따르면, 이 종이에서 적어도 한 점은 원래의 위치 바로 아래에 있다.

여기서 분명한 사실은, 종이를 반으로 찢지 않아야만 이 사실이 적용된다. 그리고 이것을 수학적 용어로 표현하면 함수 f가 연속적이어야 한다는 뜻이다. 그리고 이와 유사하게 구겨진 종이는 원본의 제한 범위 내에 있어야 한다. 즉 함수 f는 닫힌 값의 집합에 작용하며 결과 값을 나타낸다. 일반적으로 말하자면, 함수 f가 연속적이며, 닫힌 집합을 자기 자신에게 사상mapping한다면 고정점을 가져야 한다. 이와 유사한 정리는 미시경제학에서 광범위하게 사용되며 미분방정식에 대한 해의 존재와 그 유일성을 증명하기 위해서도 사용된다.

점이 원래 있었던 위치 바로 위에 있다.

다양체

　다양체는 특별한 종류의 위상공간이다. 부분적인
규모에서는 다양체가 흔한 유클리드공간처럼 보일 수 있다.
그리고 이때 그 다양체를 유클리드공간에 국소적으로
위상동형적locally homeomorphic이라 한다.

　유클리드공간과 부분적으로 연결하면 표chart를 형성한다.
표의 좌표들로 다양체의 물체들을 설명한다. 그러나 이는
국소적으로만 적절하기 때문에 중첩된 부분적 좌표가 서로
일관성을 가져야 한다는 조건을 갖추어야 한다.

　다양체의 분류는 해당 유클리드공간의 차원에 따라
달라진다(p.108). 만약 다양체가 다섯 개 이상의 차원을
보유한다면 분류하기가 상대적으로 수월하다. 그리고 이때는
수술surgery이라는 빈 공간이나 구멍처럼 새로운 구조가
이미 알려진 다양체에 추가되는 과정에 의존한다. 그렇지만
2차원 및 3차원 다양체는 더욱 복잡하며, 4차원 다양체는
이상하기까지 하다.

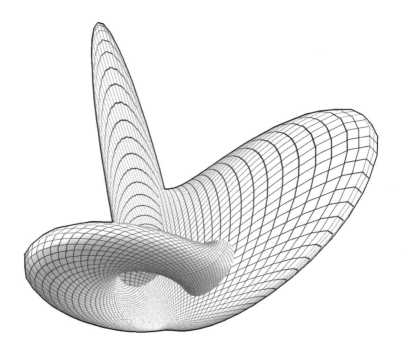

측도론

측도론은 길이, 면적 또는 부피와 같은 개념을 일반화하는 방식으로 집합의 크기를 설명하는 방법을 제공한다. 집합의 크기를 측정하려면 크기를 나타내는 숫자나 가중치를 지정해야 한다.

집합을 이용해서 일관적으로 측도를 정의하기는 어렵다. 또한 이때 정의는 σ-대수학의 이론에 의존한다. 이는 측도의 일관성을 보증하는 방법을 제공한다. 그래서 어떠한 집합의 부분집합에 대한 측도가 원래 집합 자체의 측도보다 작거나 같다.

다양한 적용 사례에서 특별한 경우의 집합이 아니라면 명제들은 참일 것이다. 측도론은 이러한 예외적 사례들의 크기를 정량화하는 방법이다. 비록 한 집합이 셀 수 없이 많은 점들을 포함할지라도 측도 0의 집합은 작다. 그러므로 측도 0의 집합을 제외하고 무언가가 참이라면, 이것은 거의 모든 점에서 참이라고 할 수 있다. 예를 들면, 거의 모든 숫자는 끝없이 십진수로 확장된다.

측도가 정당성을 가지기 위해서는
집합들의 관계를 보여야 한다.
다른 말로 하자면,
공집합의 측도는 0,
부분집합의 측도는
원래 집합의 측도와
같거나 작아야 한다는
말이다.

∞

0

열린집합과 위상공간

열린집합은 집합의 모든 점에 충분히 근접한 모든 점이 다 집합에 포함되는 집합이다. 예를 들면, 거리공간에서 주어진 점 x로부터 거리가 양수 r 미만의 점들의 집합은 열린집합이다. 열린집합은 반지름 r인 열린 공the open ball of radius이라고 불린다. 열린집합은 점들의 가까움nearness 개념을 제공하기 때문에 유용하다. 이때 거리의 개념을 정의해야 할 필요가 없기 때문에 더욱 추상적인 위상공간으로 일반화할 수 있다.

위상공간은 공간의 열린집합이라고 부르는 부분집합 T의 모음을 통해 정의되는 수학 집합이다. 따라서 열린집합은 거리 개념으로 추측되지 않고, 처음부터 정의된다. 열린집합의 모음인 T는 다음과 같은 여러 가지 법칙들을 충족해야 한다.

- T는 집합 자체와 공집합을 모두 포함한다.
- T에 있는 임의의 두 부분집합 간의 교차나 중첩도 T 안에 있다.
- T에서 부분집합의 모음이나 조합은 T 안에 있다.

과거에 극한의 용어로 정의되었던 함수의 연속성(p.198)은 열린집합의 관점에서 동일하게 정의된다. 모든 열린집합의 원상preimage이 열려 있다면 함수 f는 연속함수이다. 그리고 여기서 집합 U의 원상은 그 상인 $f(x)$가 U 안에 있는 점의 집합이다.

거리 공간에서 중요한 또 하나의 개념은 콤팩트 성(옹골성, compactness)으로, 폐집합의 개념을 확장시킨 것이다. 공간의 덮개는 그 합집합이 모든 공간을 구성하는 열린집합의 모음이다. 그리고 모든 덮개가 유한한 부분 덮개를 갖는 경우, 공간은 콤팩트 성을 갖는다. 다시 말해 덮개 안에는 원래의 집합을 덮는 유한한 열린 집합이 존재한다는 뜻이다.

콤팩트 성은 수렴을 정의할 때 유용하다. 콤팩트 성을 갖는 공간에서 공간에 있는 원소들의 모든 유계 수열은 수렴하는 부분 수열을 갖는다. 그리고 모든 콤팩트한 거리공간은 완전하다. 완전하다는 것은 모든 코시수열(p.88)이 공간 내의 한 지점으로 수렴한다는 뜻이다.

프랙털

프랙털은 임의의 미세한 축척fine scales으로 구성된 집합이다.
예를 들면, 삼등분 중간 칸토어 집합[p.66]이나 망델브로
집합의 경계[p.310]가 프랙털이다. 프랙털의 복잡한 모양과
표면은 유클리드기하학에서 설명되지 않는다. 삼등분
중간 칸토어 집합은 점의 모음으로 0차원이지만, 이는
비가산집합이다. 그러므로 이는 선로 간격의 기수를 갖는다.

프랙털은 측도론의 관점으로 연구하기 좋다. 특히 측도론은
삼등분 중간 칸토어 집합이 0과 1 사이의 차원을 갖는
측면에서 대체 '차원'을 정의할 때 사용되기도 한다.

지름 r의 열린 공으로 집합을 덮으려 하고 r이 0이 되게 할
때, 프랙털의 복잡성이 무한히 나타난다. 만약 필요한 공의
수가 $N(r)$이라면, r이 작아지고 공의 수가 많아지며, 프랙털
상황에서는 세부 사항까지 덮어야 하므로 공의 수는 더욱
많아질 것이다.

반지름 r인 공들의 급수가 영국의 해안선을 덮고 있다. r이 점점 작아짐에 따라 더 세부적인 사항이 나타나면서 필요한 공의 개수는 더 많아진다. 프랙털은 이러한 지수적인 증가가 있어야 한다.

프랙털 해시계

프랙털 해시계는 수학자 케네스 팔코너Kenneth Falconer가
1990년에 제시한 놀라운 사고 실험이다. 케네스 팔코너는
3차원의 프랙털 조각을 만드는 것이 이론적으로 가능하다는
것을 증명했다. 이때 이 프랙털 조각은 숫자의 형태로
변화하는 그림자를 드리우며 디지털시계처럼 각 시간을 알려
준다.

케네스 팔코너는 진한 글자나 숫자를 평면에 그린 것의
수열과 그에 해당하는 각도의 수열로 이 실험을 시작했다.
이러한 모든 수열에는 프랙털 집합이 존재하며, 이 프랙털
집합은 태양과의 각도가 주어진 수열의 각도와 일치한다는
것을 팔코너는 보여 주었다. 그리고 평면에 프랙털이
드리우는 그림자는 그 각도와 연결되어 비추는 글자나
숫자와 가까이 있다.

케네스 팔코너의 증명은 구성적이지 못하다. 구성적이지
못하다는 사실은, 프랙털 해시계가 이론적으로는
가능하지만, 그 프랙털의 모양을 결정할 방법은 제시하지
못한다는 뜻이다. 그러므로 프랙털 해시계를 실제로 제작할
수는 없다.

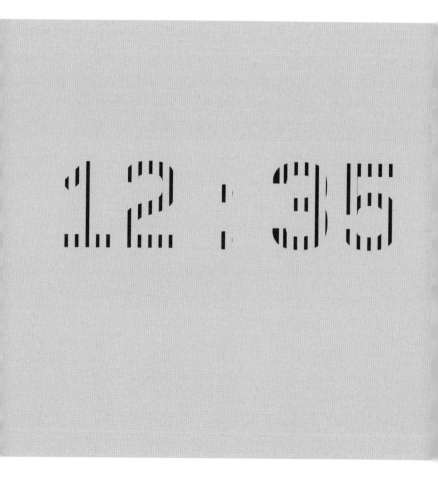

바나흐-타르스키 역설

바나흐-타르스키 역설은 3차원의 고체 공이 유한한 개수의 조각으로 나뉠 수 있으며 이 조각들을 재배치하여 원래 공과 동일한 공을 두 개 만들 수 있다는 것이다. 혹은 작은 고체 공을 잘라 내서 두 배의 반지름을 가진 하나의 공으로 다시 만들 수도 있다. 이때 두 경우에서 잘라 낸 조각들은 늘어나거나 변형되지 않는다.

이것이 말도 안 되는 소리라고 생각할 것이다. 조각들을 잘라 내고 이동시킨다고 해서 부피가 바뀌지 않는다. 그러므로 원래 존재했던 부피가 마지막에 남는 부피와 일치해야 한다. 이때 구축에 쓰이는 조각들의 부피 개념을 이해할 수 있을 때만이 가능하다. 물리적인 공에서는 부피의 개념이 적용되지만 수학적 공에서는 다른 선택지도 존재할 수 있다.

여기서 결과는 비가측집합의 존재에 의존한다. 비가측집합은 일반적으로 말하는 부피를 갖지 않는 점들의 모음이다. 또한 공을 나누는 방법을 구체화하기 위해서 셀 수 없이 많은 선택지가 필요하다.

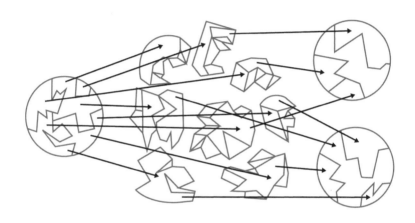

바나흐-타르스키 역설에 따르면, 특정한 수학 공 모형을 조각들로 잘라 내서
원래 공과 동일한 공을 두 개 만들 수 있다고 한다. 그러나 실제 공으로는
그럴 수 없을 것이다.

위상수학 개론

위상수학은 수학의 한 분야로, 형상을 묘사하고 여러 형상들의 동치 관계를 나타낸다. 위상수학 분야는 여러 형상의 중요한 성질을 고려하며 어떻게 알아볼 수 있는지를 논의한다. 위상수학에서는 도넛과 커피 머그잔을 동일하다고 분류하기도 한다. 둘 다 하나의 표면과 하나의 구멍을 가지고 있기 때문이다.

위상적 물체의 간단한 사례들을 보면, 종이 한 장을 풀로 붙여서 만들어 낼 수 있는 형상들이 있다. 종이 한 장의 양

끝을 붙이면 튜브나 원기둥을 얻을 수 있다. 그리고 원기둥의 남은 두 변을 붙이면 도넛이나 원환면torus을 얻는다. 나머지 두 물체는 뫼비우스의띠〔p. 346〕와 클라인 병〔p. 348〕인데, 뫼비우스의띠는 적절히 종이를 꼬아서 만들 수 있지만, 클라인 병은 이론적으로만 가능하다.

위상적 개념은 컴퓨터화된 인식 프로그램과 컴퓨터 그래픽에 사용된다. 또한 통신용 철탑의 위치를 지정하는 데도 쓰일 수 있다.

뫼비우스의띠

뫼비우스의띠는 오직 한 면과 한 모서리를 갖는 평면으로 종이띠 한 장을 꼬아서 한 면을 뒤집은 뒤에 두 모서리를 연결시켜서 고리를 만들어 형성한다.

뫼비우스의띠는 비가향 곡면non-orientable surface의 한 사례이다. 가향성orientability이란 곡면의 안과 밖을 알 수 있다는 뜻이다. 임의의 점에 일반 벡터가 있다고 가정하자. 이 벡터는 평면에 수직인데 이 벡터를 경로를 따라서 곡면에 연속적으로 이동시켜 보자. 뫼비우스의띠와 같은 비가향 곡면에서는 벡터가 원래 있었던 위치로 돌아왔을 때 시작한 방향과 반대 방향을 갖게 되는 경로들이 존재한다. 그렇게 안과 밖이 뒤섞이는 셈이다.

뫼비우스의띠 두 개를 풀로 붙여서 모서리를 연결시키면 이와 관련된 또 다른 물체가 생기는데, 이것이 바로 클라인 병이다. 3차원의 유클리드공간에서는 종이를 찢지 않으면 이렇게 클라인 병을 만들 수 없다.

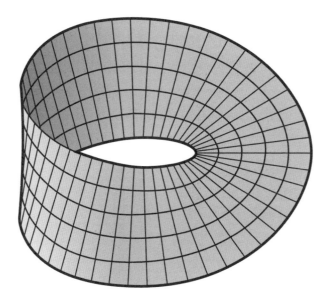

클라인 병

클라인 병은 하나의 측면과 모서리가 없는 비가향 곡면이다. 수학적으로 클라인 병을 만들기 위해서는 종이 한 장을 잡고 두 개의 반대편 모서리를 함께 붙여 기둥을 만든 다음, 나머지 모서리 두 개를 원환면이나 도넛을 만드는 방향의 반대 방향으로 붙이면 된다.

3차원에서 이렇게 클라인 병을 만들려면 클라인 병의 곡면이 스스로를 통과해서 모서리를 정렬시켜야만 한다. 하지만 4차원에서는 스스로 교차하지 않아도 클라인 병이 될 수 있다.

뫼비우스의띠와는 달리, 클라인 병은 닫힌곡면이다. 클라인 병은 콤팩트 성을 갖고〔p. 337〕 경계가 없다. 수학자들은 곡면에 있는 구멍의 개수를 세고 가향성 여부를 결정함으로써 닫힌곡면들을 분류한다.

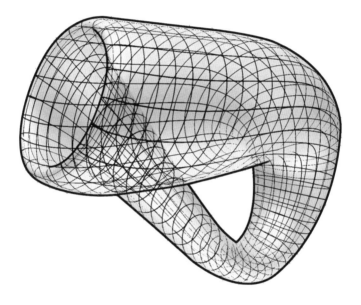

오일러 표수

오일러 표수는 평면과 연관 지을 수 있으며 모양이 구부러지거나 변형되어도 변하지 않는 숫자이다. 오일러 표수는 평면 구멍의 개수와 같은 성질을 결정하게 해 준다.

다면체는 꼭짓점에서 만나는 직선 모서리들로 묶인 여러 개의 평면으로 구성되었으며, 단일 폐곡면이다. 수학자 오일러는 다수의 면 F와 다수의 모서리 E 및 다수의 꼭짓점 V를 가진 적절하게 정의된 임의의 다면체의 경우, $V - E + F = 2$라는 사실을 발견했다. 더욱더 일반적인 평면들은 곡선 면과 모서리로 분할할 수 있으며, 비슷한 방식으로 꼭짓점에서 만나게 된다. 다음 페이지에 등장하는 원환면에서는 $V = 1$, $E = 2$이고 $F = 1$이면 $V - E + F = 0$이다.

숫자 $V - E + F$는 표면에 대한 오일러 표수라고 알려져 있다. 가향 폐곡선에서 표면의 속genus of surface으로 알려진 구멍의 개수 g는 방정식 $V - E + F = 2 - 2g$를 통해서 오일러 표수와 연결된다.

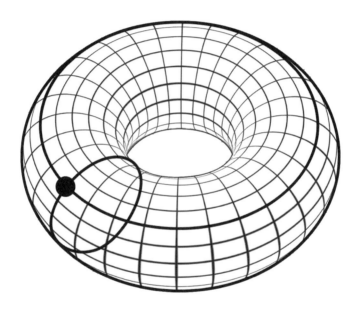

원환면은 하나의 꼭짓점, 두 개의 모서리와 하나의 면을 갖는다.

연속 변형성(호모토피)

 두 개의 평면이나 대상 중 하나가 자르거나 찢지
않고도 다른 하나로 형체가 바뀔 수 있는 경우, 이를 연속
변형(호모토피)이라고 말한다. 예를 들면, 커피 잔과 원환면은
둘 다 각각 하나의 평면과 하나의 구멍을 갖는데, 연속
변형성이 있다. 왜냐하면 각각 지속적으로 서로의 형체로
모습을 바꿀 수 있기 때문이다.

 공식적으로 두 연속함수 f와 g의 연속 변형성이란 한
함수가 다른 함수로 바뀌는 연속적 변환의 모임이다. 그리고
f와 g의 연속적인 사상이 존재할 경우, 공간 X와 Y는 연속
변형적으로 동일하다고 할 수 있다. 이때 g 다음에 f를
적용하는 것은 Y의 항등원에 대한 연속 변형성을 갖고, f
다음에 g를 적용하는 것은 X의 항등원에 대한 연속 변형성을
갖는다. 어떤 관점에서 이는 f와 g가 서로에게 있어 두 공간
X와 Y를 부드럽게 연결할 수 있는 역함수라는 뜻이다.

 1924년에 알렉산더J. W. Alexander가 발견한 뿔 달린 구는 몹시
놀라운 것이다. 오른쪽의 뿔 달린 구는 일반 2차원 구에 대해
연속 변형성을 갖는다.

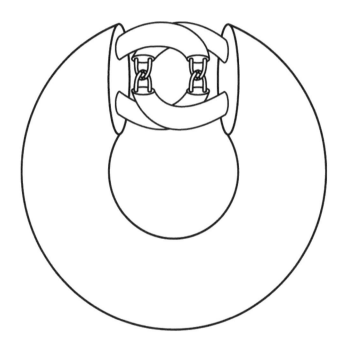

기본군

기본군의 이름으로 유추할 수 있듯이, 위상공간의 기본군은 수학적 군(p. 268)으로 물체의 구멍과 경계선을 나타내는 위상적인 물체와 관련이 있다. 연속 변형성의 조건에서 기본군은 변하지 않고 형태를 바꿀 수 있는 평면 위의 고리와 관련이 있다.

고리는 공간에 있는 경로인데, 같은 점에서 시작하고 끝난다. 한 고리가 다른 고리로 변형될 수 있다. 그러므로 기본군이 공간의 모양에 대한 정보를 내포하고 있을 때 두 고리가 서로 동치equivalent라고 말할 수 있다. 이는 높은 차원의 공간에 적용되는 연속 변형성 군의 종류 중 맨 처음에 나오고 가장 간단한 것이다.

기본군을 가장 간단하게 정의하려면 공간 X에 존재하는 점 x를 고정해야 하고, 그 점에 의존하는 모든 고리를 그 점을 기준으로 하여 고려해야 한다. 공간에 있는 더욱 넓은 종류의 고리를 정의하는 두 고리가 존재한다고 할 때, 그 고리들을 따라가면서 새로운 종류의 고리를 만들 수 있다. 이 방식으로 군을 형성하는 고리 종류들에 대한 연산을 만든다. 이 연산과 고리들로 공간의 기본군이 탄생한다. 이 기본군은 공간

자체의 형태가 바뀌어도 그대로 남는다.

예를 들면, 간단한 형식의 원환체나 도넛 모양의 고리 공간이 존재한다고 가정하자. 여기서 표면에 존재하는 점 하나를 선택하라. 이것을 시작으로 우리는 구멍을 감싸는 원환체의 경계를 감싸는 고리를 만들 수 있다. 또한 구멍을 지나는 고리를 만들 수 있다. 이렇게 생기는 두 개의 고리는 동일하지 않다. 그러므로 하나를 다른 하나로 변형할 수 없다. 두 고리들은 차후에 생겨나는 고리들을 만들기 위한 고리의 원형이 된다. 여기 세 번째 종류의 고리가 존재하는데, 이것은 원점으로 부드럽게 줄어들 수 있으며 기본군에 포함되지 않는다.

기본군을 사용해서 위상공간에 있는 1차원 고리를 셀 수 있다. 그리고 구를 사용해야 더욱 고차원의 연속 변형군을 정의할 수 있다. 이론적으로 이 사실들은 우주의 위상global structure에 대한 정보를 알려 준다. 하지만 불행히도 이것을 계산하기는 무척 힘들다. 더욱 고차원에 적용하기 위해서는 정보를 표현하는 간단하고도 불변의 성질들이 필요하다〔p. 254〕.

베티 수

베티 수는 위상적 모양이나 평면의 성질을 나타내는 숫자의 집합으로, 호몰로지를 사용해서 구할 수 있다. 오일러 표수처럼, 베티 수는 간단한 성질의 용어로 구조들을 분류할 수 있도록 도와준다. 예를 들면, 연결된 구성원의 수, 구멍의 수, 거품의 수가 베티 수에 포함된다.

스위스 치즈 한 조각이 있다고 가정하자. 중요한 위상 정보는 다음과 같은 사실을 포함한다.

- 이것은 치즈 한 조각이며, 그러므로 연결된 하나의 구성원이다.
- 이것은 n개의 구멍을 가지는데, 이는 위상적으로 다르고 수축할 수 없는 고리의 개수로 알려져 있다.
- 이것의 내부에는 m개의 숨겨진 구멍이나 거품이 존재하는데, 수축할 수 없는 3차원의 구의 개수다.

이 정보들과 더욱 고차원에서의 동등한 정보들이 바로 물체의 처음 세 개의 베티 수다.

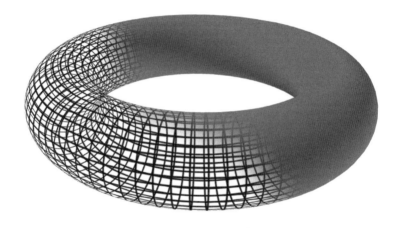

위와 같은 원환체는 하나의 연결된 요소, 두 개의 원형 구멍과 한 개의 3차원적 빈 공간을 갖는다. 여기서 원형 구멍 하나는 중앙을 뚫고, 나머지 하나는 표면 안에 위치한다. 그리고 3차원적 빈 공간은 표면 안쪽에 존재한다. 이렇게 처음 세 개의 베티 수인 1, 2, 1을 알 수 있다.

서스턴의 기하화 정리

서스턴의 기하화 정리는 3차원 폐곡면을 분류한다.
1982년에 빌 서스턴Bill Thurston은 3차원 다양체 여덟 개를
제시했다. 각 다양체는 곡면에서 다른 정의의 거리와 관련이
있다. 빌 서스턴은 나머지 3차원 평면은 이 여덟 개의 기본적
다양체의 사례들을 꿰매서 만들 수 있다고 추정했다.

그가 제시한 여덟 개의 기본 유형은 리 군〔p. 278〕과도
관련이 있다. 가장 간단한 것은 유클리드의 기하학과 연관이
있으며 열 개의 유한한 폐다양체closed manifolds를 포함한다.
그리고 나머지는 구와 쌍곡선의 기하학을 포함하는데,
완전히 분류되지는 않았다. 이들이 함께 맞춰지는 방식은
3차원 다양체의 기본군의 구조를 보면 알 수 있다.

2003년에 그리고리 페렐만Grigori Perelman은 리치 흐름Ricci
flow이라고 불리는 더 진보된 기술을 사용해서 다양한
기하학이 어떻게 서로 동치인지를 알아내며 이 가설을
증명했다.

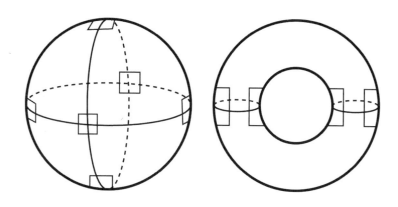

서스턴의 기하학화 가설에서 구나 도넛의 형태처럼 3차원적인 표면들은
다양체를 여러 개 꿰맨 것이다.

푸앵카레 추측

푸앵카레 추측은 클레이 수학 연구소Clay Institute에서
제시한 밀레니엄 문제(p.404) 중 하나인데, 가장 빨리 답이
발견되었다. 그리고리 페렐만이 2003년에 이 추측을
풀이했다. 간단하게 말하면, 푸앵카레 추측은 모든 3차원의
폐다양체에서 구멍이 없다면 위상적으로 3차원의 구와
같다고 주장한다.

공간에 아무런 구멍이 없을 때(단일 연결이라고 부른다) 모든
고리는 하나의 점으로 수축할 수 있다. 그러므로 기본군은
자명하다. 2차원에서 이 성질을 보유한 유일한 평면은 바로
위상적 구의 평면이다.

1904년에 푸앵카레Henri Poincaré는 이것이 3차원에서도 참일

일반 구에
위상동형인
모든 평면에서도
고리는 한 점으로
모일 수 있다.

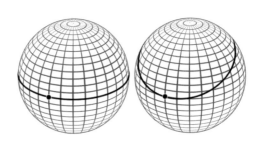

것이라고 추정했다. 문제는 혹시 단일 연결된 무척 드문 예상 밖의 3차원 다양체들이 구는 아닐 수도 있다는 것이었다. 그리고리 페렐만은 서스턴의 기하학화 가설〔p.358〕이 이 가능성을 배제한다고 증명했다. 하지만 그리고리 페렐만은 이런 결과를 성취하고도 100만 달러나 되는 상금을 거부했다고 한다.

더욱 고차원에 대한 푸앵카레 추측은 사실 더욱 일찍이 해결되었다. 5차원 문제는 1960년대에 스티븐 스메일Stephen Smale이 해결했고, 그 이후에 맥스 뉴먼Max Newman이 이를 보완했다. 그리고 4차원 문제는 1982년에 마이클 프리드먼Michael Freedman이 답을 구했다.

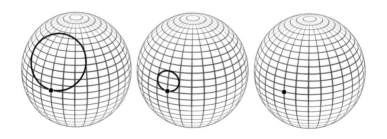

호몰로지

호몰로지란 위상적 공간에서 구멍을 찾는 방법이다. 공간 안에서 경계선이 없으면서 다른 존재의 경계선이 아닌 집합을 찾는 것인데, 이를 구멍이라고 한다.

공간의 호몰로지 군은 집합을 삼각화하여 찾을 수 있다. 꼭짓점, 변, 삼각형의 면, 4면체의 부피 등으로 더욱 고차원으로 만들어 낸다. 이들은 경계 연산자binary operator를 사용하여 군 구조를 만들기 위해 정리할 수 있다. 경계 연산자는 표면을 모서리로 그리고 계속해서 더 낮은 차원으로 분해하는 역할을 한다. 다른 접근 방법인 코호몰로지cohomology는 낮은 차원의 물체를 더 높은 차원의 물체들로 만들어 낼 수 있다. 문제에 따라서 둘 중 한 가지의 접근이 더 쉽거나 명백한 결론을 제공한다.

호몰로지 군은 연속 변형성(호모토피) 군보다 훨씬 다루기 쉽다. 그러나 호몰로지가 알아채지 못하는 미세한 구멍들이 존재한다. 그러므로 여전히 연속 변형성이 필요하다.

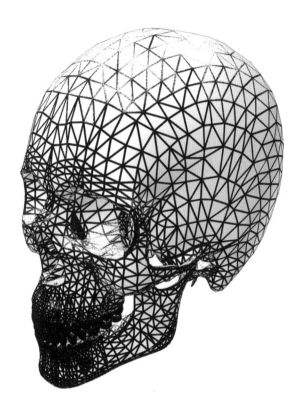

벡터 다발

　벡터 다발을 이용해서 평면 속이 아닌 그 위에서 정의되는 위상적 구조를 다룰 수 있다. 평면의 벡터 다발을 정의하려면 벡터공간(p.266)과 평면의 각 점을 연관 지어야 한다. 벡터공간에서 특정한 올fibre을 선택하고 이를 평면의 점과 연결시켜 벡터장이 형성된다. 이 벡터장은 각 점에서 화살표 벡터로 표기한다.

　벡터 다발을 사용하면 다양체를 나타낼 수 있는 방식이 많아진다. 이 상황에서 오일러 표수(p.350)가 자연스럽게 나오는데, 평면에서 벡터장의 영점에 대해 말해 주는 자기 교차 수self-intersection number로 등장한다. 만약 이것이 0이 아니라면, 다양체의 모든 연속 벡터장은 어딘가에서 영점을 보유해야 한다. 종종 이 이론은 털 난 공 정리hairy ball theorem라고도 불린다. 털 난 공 정리에 따르면, 털들은 다양체의 벡터장이며, 영점의 존재는 털들을 빗게 되면 최소한 하나의 정수리가 생겨난다는 사실과 일치한다.

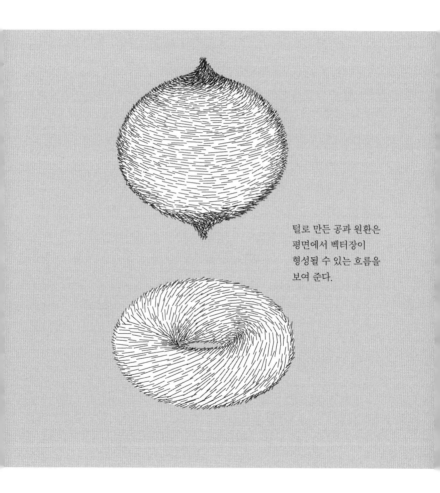

털로 만든 공과 원환은
평면에서 벡터장이
형성될 수 있는 흐름을
보여 준다.

K 이론

K 이론은 1950년대에 만들어진 것으로, 다양체의 벡터 다발을 다른 계급으로 분류하도록 돕는다. 여기서 계급들은 환과 군(pp. 280, 268)으로 나뉜다. 이러한 분류는 위상 평면에서 구멍을 세는 또 다른 방식으로 이어진다.

K 이론은 코호몰로지와도 공통점을 갖는다. 코호몰로지는 호몰로지(p. 362)를 더욱 정교하게 만든 것이다. 코호몰로지는 미분방정식을 적용하기에 무척 쉬운 도구임이 밝혀졌으며, 교환법칙이 성립되지 않는 기하학 분야의 발전에 이론적 기반을 제공한다. 교환법칙이 성립되지 않는 기하학이란 교환법칙이 성립되지 않는 대수적 정의를 가진 공간에 대한 기하학이다. 다른 말로, xy가 꼭 yx와 일치하지 않는 분야에 대한 기하학이다. 이론물리학에서 K 이론은 끈 이론의 일부에 중요한 역할을 한다. 끈 이론은 진동하는 다차원 끈처럼 우주의 근본적인 입자를 설명하는 학문이다.

매듭 이론

매듭이란 3차원 공간에 삽입되어 있는 폐곡선이다. 그리고 이런 곡선이 둘 이상일 경우 연결link이라고 부른다. 매듭 이론은 매듭을 표현하고 분류하려 하는 이론으로, 어떻게 매듭을 나타낼지 고려하며 어떤 법칙으로 다양한 매듭을 분류할지 연구한다.

이러한 관점에서 곡선들이 찢어지거나 잘리지 않고 연속적으로 모양이 바뀔 수 있을 때, 매듭들은 서로 동치한다고 본다. 그럼에도 불구하고, 다양한 매듭들을 비교하는 것은 쉽지 않다. 다양한 매듭 불변량의 성질이 존재하는데, 이들은 특정 종류의 매듭에 모두 적용되는 성질이다. 또한 변환으로 인해 변하지 않는다. 하지만 지금까지 밝혀진 바에 의하면, 서로 다른 매듭들이 동일한 매듭 불변량을 가질 수 있으므로 이것은 쉽게 진단할 수 있는 성질이 아니다.

매듭 이론은 생물학에서 *DNA*의 배열을 묘사하거나 길이가 긴 단백질을 표현할 때 유용한 도구이다. 또한 저차원의 역학 체계에서도 사용된다. 몇몇 미분방정식의 주기적 궤도가 어떻게 서로에게 영향을 미치는지 결정하는 데 사용된다.

논리와 정리

셜록 홈스는 "불가능한 것을 제외하면, 아무리 터무니없는 것이 남더라도 그것이 답이다"라고 주장했다. 셜록 홈스의 방식은 수학자의 방식과 같다. 그리고 우리는 엄격함이나 정확함 같은 단어를 사용해 연역적 사고를 할 수 있다. 연역적 사고는 모든 가능성을 검사하는 능력이며, 애매한 것이나 점검하지 않은 예외적 경우가 없다는 사실을 볼 줄 아는 능력이다.

이 책에서는 별다른 자세한 서술 없이 '내포하다' 라든지 '모든 경우에 존재한다' 같은 논리적인 연결구를 사용한다. 하지만 논리가 수학의 독자적인 한 분야임을 아는 것은 충분히 가치 있는 일이다.

수학적 논증은 논리의 법칙을 사용하여 수학적 물체의 성질에 대한 명제의 조건문이 참일 때 이에 따른 결과문도 참이 되게 만드는 법을 다루는 것이다. 하지만 단순히 조작으로 의미를 만들어 낼 수는 없다. 성질과 물체는 추상적이므로 공식적인 정의를 요구한다. 물체와 성질이 정확하게 표현되었을 때에만 정밀한 연역적 사고가 가능하다.

수학은 이상적으로 물체(기본 요소)와 공리(기본 요소의 성질)의 집합으로 시작한다. 더욱 복잡한 명제는 이를 기반으로 논리를 사용한다. 이러한 공리 체계는 고전 기하학〔p.108〕과 집합 이론〔p.48〕을 포함한다.

우리는 정의와 직관으로 가설을 만든다. 이 가설들은 우리가 증명하거나 반증하려는 명제들이다. 증명이 끝난 가설은 이론이라고 부른다. 이론은 옳아야 하고 정확해야 하며 정밀해야 한다. 이론은 고려 대상에 대한 새로운 정보를 알려 준다. 또한 이론은 우리가 애초에 가졌던 정의에서 논리적으로 연결되어야 한다. 헝가리 수학자인 폴 에르되시는 "수학자는 커피를 이론으로 바꾸는 사람"이라고 말했다고 전해진다.

수학의 놀라운 점은 바로 특별히 자명하지 않은 결론을 도출해 낼 수 있다는 것이다. 심지어 그 정리가 엄밀히 따지면 동어반복일지라도 말이다. 비록 가정하고 있는 진실과 정리가 논리적으로 연결되지만, 노력이 따르지 않고서는 명백한 결론을 내릴 수 없다.

증명

증명이란 합리적 의심을 넘어설 뿐만 아니라 모든 의심을
넘어서는 결과를 보여 주는 주장이다. 최소한 이론적으로는
그렇다. 하지만 실제로 적용될 때는 논리적 과정을 완전히
진행할 수 있도록 모든 주장을 정리할 시간과 공간이 없다.
그러므로 자세한 사항들은 명백하거나 자명한 것으로
치부하고 제거해야 하는데, 이때 증명을 거짓으로 만드는
실수가 나올 수 있다.

증명이 도대체 무엇인지 정확히 정의하기는 어렵다.
수학자들에게 이것은 사회학상의 구조로, 확실성을 창조하는
역할을 한다고 믿는다. 그리고 다른 이들에게는 컴퓨터나 외계
생명체처럼 논리적 구문만을 이해하는 대상들에게 확인받을
수 있는 일종의 요리법이다.

증명을 세우는 데 여러 개의 독보적인 전략이 존재한다.
그리고 주어진 문제에서 다양한 접근 방식이 모두 성공적일
수도 있다. 수학의 묘미 중 하나는 결론을 얻기 위한 가장
쉽거나 정교한 경로를 찾는 것이다.

루이스 캐럴의 유명한 동화인 『이상한 나라의 앨리스』를 보면,
증명과 논리적 오류의 사례가 굉장히 많이 등장한다.
여기서 논리적 오류는 증명의 방법이 적절하지 않을 때 생겨난다.

직접증명

가장 간단한 종류의 증명이 바로 직접증명이다.
직접증명은 가정으로 만든 목록에서 일련의 논리적 명제를
따라 결론을 도출해 내는 것이다.

하지만 여기서 모든 과정을 적는 것은 거의 불가능하며
끔찍하게 지루할 것이다. 그 분야의 처음 공리들을 증명하는
첫 단계를 모두 적어야 할 뿐만 아니라, 완벽하게 자세히
적어야 한다. 그래서 심지어 직접증명에도 소위 지름길이
존재한다.

직접증명의 일반적 논증은 간단한 추론 규칙의 집합이다.
이는 긍정 논법modus ponens라고 알려진 기술 같은 방법이다.
명제 Q를 증명하고자 한다고 가정하자. 만약 참이라고
증명된 다른 명제 P가 존재한다고 가정했을 때, P가 참이면
Q도 참이라는 관계를 증명할 수 있다면, 'P이면 Q이다'라고
나타낼 수 있다. 그러면 이 2단 논법은 다른 P라는 명제를
증명함으로써 Q가 참이라고 직접적으로 증명하는 것과
동일한 셈이다.

간단한 사례를 들어 보겠다. 모든 양의 짝수의 제곱이
4로 나누어떨어진다고 증명하려 한다고 가정하자. 숫자가

짝수이고 양수라면 $2n$이라고 표기하고, 이때 n은 양의
자연수이다. 이것의 제곱은 $4n^2$이고, 4로 나누어떨어지는
숫자이다.

여기서 명제 P는 다음과 같다. '양의 짝수는 양의 자연수에
2를 곱한 것으로 표기할 수 있다.' 그리고 명제 Q는 '양의
짝수의 제곱은 4로 나누어떨어진다'이다.

이러한 사실은 그다지 중요하게 보이지 않을 수 있다.
직접증명은 수의 정의를 다시 재정비한 것에 불과하다.
하지만 직접증명은 수학에서 많은 증명 방법의 근간이 된다.

물론 모든 증명 방식이 쉽지는 않다. 그리고
다이어그램이나 확률을 통한 증명, 수학적 귀납법〔p.382〕과
같은 증명 방법들은 난이도 있는 철학적 논의를 필요로 한다.

귀류법

논리적 논증에서 사용되는 귀류법reductio ad absurdum을
수학에서도 사용할 수 있다. 귀류법은 한 명제를 거부하면
말이 되지 않는 결론에 도달하는 것을 이용한다. 수학에서
이러한 말이 되지 않는 명제는 참이라고 알려진 명제에
모순된다.

이 논증은 다음과 같은 논리를 갖는다.

- Q가 참이어야 한다고 증명하려면, Q가 참이 아니라고
  가정하고 Q의 부정을 참이라고 가정하라.
- 다른 증명 방법들을 통해서 가정의 결과로 거짓인 명제가
  나온다는 것을 보여라. 예를 들면, $0 = 1$을 증명하려 해 보라.
- 이 과정을 통해서 처음에 세운 가정은 거짓임이 드러난다.
  그러므로 Q는 참이다.

소수의 개수는 무한하다는 사실〔p.388〕에 대한 증명이 이
접근의 한 사례이다.

존재성 증명

존재성 증명은 정의되는 성질을 가진 물체가 실제로 존재한다는 것을 밝히는 과정이다. 수학적 물체들은 종종 추상적이기 때문에, 존재성 증명은 추상적으로도 존재하지 않는 물체들의 성질들을 탐구하는 데 노력을 허비하지 않도록 한다.

존재성 증명에는 두 종류가 존재한다. 구성적 증명proof by construction은 그 이름이 암시하듯이 콘크리트라고 불릴 만한 추상적이고 이론적인 물체처럼, 탄탄한 물체나 성질의 예를 만들어 낸다. 그리고 두 번째는 비구성적 증명non-constructive proof으로, 사례에 대한 증거 없이 물체가 존재하는 것이 논리적으로 필요하다는 것을 설명하는 방법이다.

구성적 증명constructive proofs은 꽤 명백하다. 예를 들면, 16으로 나뉠 수 있는 짝수가 존재하는지 묻는 것이다.

답은 존재한다는 것이다. 그리고 간단히 답을 하자면 숫자 16을 대면 된다. 더 자세히 대답하자면, 16은 당연히 16으로 나누어떨어지며 2로도 나누어떨어진다. 그러므로 16은 짝수이고 16으로도 나뉠 수 있다. 물론 다른 수들도 이 증명에 사용될 수 있다. 예를 들면, 모든 양의 정수가

16의 배수일 때 그렇다. 하지만 존재성 증명에서는 하나의 예만 보이면 된다.

비구성적 증명은 아주 미묘할 수도 있다. 예를 들면, $9x^5 + 28x^3 + 10x + 17 = 0$에 대한 해를 찾지 못해도 해가 존재한다는 사실을 보일 수는 있다.

x를 0으로 놓고, 위 방정식의 오른쪽 값을 구하면 17이 나온다. 그리고 $x = -1$일 경우에는 -30이 나온다. 이 결과를 보면 우리는 중간값 정리(p.202)를 쓸 수 있다. 중간값 정리를 사용해서 y가 -30과 17 사이에 존재할 때 x는 -1과 0 사이에 존재한다고 증명하는 것이다. 이것으로 방정식에서 y 값이 나온다. 방정식의 오른편에서 0이라는 결과물을 얻었고 이 결과물이 주어진 구간 사이에 존재하므로, 방정식에 해가 존재한다. 조금 더 깊게 문제를 풀면 이 해가 실수를 사용해서 얻을 수 있는 유일한 해라는 사실을 알 수 있다.

대우와 반례

P 라는 명제의 부정은 *not P*라고도 표기하는데, 이것은 P가 거짓일 때 참이고 P가 참일 때 거짓이다. 여기서 중요한 논리 규칙은 'P이면 Q이다'라는 명제는 'Q가 아니면 P도 아니다'라는 것과 논리적 동치logically equivalent이다. 부정명제들 사이의 관계를 증명하는 것이 첫 번째 주어진 명제들 사이의 관계를 증명하는 것보다 쉬울 수 있다. 그리고 이러한 과정을 대우 증명proof by contrapositive이라고 부른다.

대우 증명은 명제가 참일 때만 성공적으로 이루어진다. 하지만 수학 연구에서는 처음 주어진 명제가 가설일 수 있기 때문에, 항상 주어진 명제가 참이 아닐 가능성이 있고, 그러면 증명도 존재하지 않는다.

만약 그럴 가능성이 보인다면, 여기서 쓸 수 있는 전략은 두 가지이다. 첫 번째는 Q가 아니라 Q의 부정을 논리적으로 증명하는 것이다. 그리고 나머지는 반례를 찾는 것이다. 반례란 명제 Q에 반박하는 하나의 경우를 칭한다. 예를 들면, 만약 Q가 '모든 짝수는 4로 나누어떨어진다'는 명제라면 그 반례로 숫자 6을 사용할 수 있다.

명제:
집합 A에 한 원소가 존재할 때,
이 원소는 집합 B에 존재한다.

대우:
집합 B에 한 원소가
존재하지 않을 때, 이 원소는
집합 A에 존재할 수 없다.

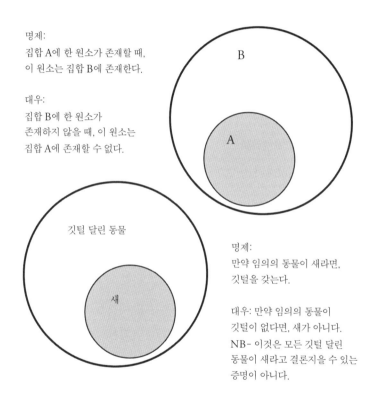

명제:
만약 임의의 동물이 새라면,
깃털을 갖는다.

대우: 만약 임의의 동물이
깃털이 없다면, 새가 아니다.
NB- 이것은 모든 깃털 달린
동물이 새라고 결론지을 수 있는
증명이 아니다.

수학적 귀납법

몇몇 수학적 결론은 자연수에 의존하는 명제를 포함한다. 그러므로 증명할 명제는 다음과 같다. 각 n에 대해서 $n = 1$, 2, 3,……, $P(n)$은 참이다. 수학적 귀납법은 각 n의 값을 따로 구하지 않고 다음과 같은 과정을 이용한다.

1. 만약 $n = 1$일 경우 결론이 참이라는 것을 증명하라. 다른 말로, $P(1)$을 증명하라.

2. $n = k$이고 k가 1이거나 더 클 경우 결론이 참이라는 것을 가정하라.

3. $P(k)$가 참이라는 것을 증명하고, 그러면 $P(k+1)$가 참이라는 것을 증명하라.

4. 이것은 모든 n에 있어서 $P(n)$을 세워 준다.

4단계는 첫 1, 2, 3단계를 뒤따르는데, 이것을 부트스트랩bootstrap 논증이라 부른다. 1단계에서 $P(1)$은 참이다. 그러므로 3단계에서 $P(2)$도 참이다. 또한 그러므로 3단계는 $P(3)$이 참임을 증명한다. 이런 방식으로 계속된다. 그러나 무한대의 개념에 존재하는 철학적 문제들 때문에 어떤 사람들은 귀납적 논증을 거부한다.

귀납법 과정

$P(n): 1+2+3+\cdots+n=\frac{1}{2}n(n+1)$을 증명하기 위한 귀납법

1단계: $P(1)$은 $1=\frac{1}{2}\times1\times(1+1)$이므로 $P(1)$은 참이다.

2단계: $P(k)$를 가정하라.

예를 들면, $1+2+\cdots+k=\frac{1}{2}k(k+1)$이며, 이때 $k\geq1$이다.

3단계: $P(k)$가 $P(k+1)$을 내포한다는 것을 증명하라.

$P(n)$의 정의에서 n을 $(k+1)$으로 대체하라.

그러면 $1+2+\cdots+k+(k+1)=\frac{1}{2}(k+1)(k+2)$이 된다.

2단계에서 가정한 것을 사용해서 증명하려는 것이다.

첫 k항의 합을 구하기 위해 2단계에서 한 가정을 사용하면 다음이 나온다.

$$1+2+\cdots+k+(k+1)=\frac{1}{2}k(k+1)+(k+1)$$

하지만 괄호를 곱하거나 오른편을 $(k+1)\times(\frac{1}{2}k+1)$로 인수분해하고

간단히 만들면 다음이 나온다.

$$\frac{1}{2}k(k+1)+(k+1)=\frac{1}{2}(k+1)(k+2)$$로, $P(k+1)$을 확립한다.

4단계: 일반적 명제 $P(n)$은 귀납법을 사용한 결과 참이다.

사례별 증명과 소거법

사례별 증명은 문제를 하위 사례들로 나누고, 각 사례를 따로 처리한다. 이러한 증명의 역사적인 예를 찾자면, 바로 꼭짓점 색칠 문제(p.322)이다. 이 문제는 너무 많은 하위 사례들로 나뉘어서 컴퓨터로만 이 문제를 다룰 수 있었다. 그 때문에 철저한 컴퓨터 프로그램이 과연 증명이 될 수 있는지에 대한 의문이 생겨났다.

언뜻 보았을 때, 셜록 홈스의 제거 과정(p.370)은 여기서 말하는 사례별 증명과 비슷해 보이지만 사실 제거는 모든 가능성을 고려하지는 않는다. 사실 이것은 대우법(p.380)인 셈이다. 사례별 증명 연구를 이용해 다른 용의자를 수사하여 그들이 모두 무죄라는 것을 증명했다. 이 경우 우리는 만약 람스보텀 씨라는 인물이 살인자가 아니라면, 용의자 중 누구도 유죄가 아니라는 결론을 도출할 수 있다. 만약 대우법을 이용한다면 용의자 중 하나가 유죄일 경우 람스보텀 씨가 살인자라는 결론을 얻는다. 여기서 맨 처음 가정은 우리가 모든 용의자 목록을 보유하고 있다는 것이다. 이 처음 가정은 종종 무시되지만, 이것은 왜 그렇게 많은 탐정소설에 고립된 시골집이 배경으로 등장하는지를 보여 준다.

정수론

　정수론은 수의 성질을 연구하는 학문이다. 여기서 볼 수
있듯이 정수론은 자연수에 집중하는 경우가 종종 있다. 실수나
복소수를 연구하는 것보다 덜 흥미롭고 덜 중요하다고 여길 수
있지만, 자연수는 우리의 세계관에 큰 영향을 준다. 자연수와
그 성질을 이해하는 순수한 지적 성취가 과소평가되어서는 안
된다. 그리고 정수론은 수학에서 가장 깊은 의문 중 몇 가지를
논한다.

　자연수가 소수〔p.30〕를 구성하는 요소에서 만들어졌기
때문에 정수론의 많은 문제들은 소수를 논한다. 소수
또한 정수론을 현대적으로 적용하는 가장 중요한 분야인
암호론에서 중심적 역할을 한다. 이메일과 은행 업무에서
비밀스러운 정보는 암호를 통해 전달한다. 이것은 정수론에서
비롯되는 소수 인수분해를 기반으로 한다. 큰 소수로 암호를
구성함으로써 사용하기 쉬우면서 풀기는 어려운 암호를 만들
수 있다.

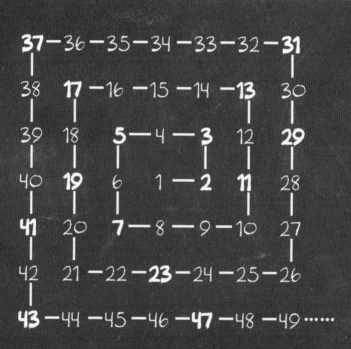

울람 나선은 소수에 존재하는 놀라운 패턴이다. 숫자들을 간단한 직사각형 모양의 나선으로 나열하면, 대각선에 소수들이 집중적으로 등장한다.

무한한 소수에 대한 유클리드의 증명

　2,000년도 더 된 유클리드의 저서 『원론』에는 세상에 무한하게 많은 소수가 존재한다는 증명이 나온다. 이 정리를 증명하기 위한 가장 직접적인 접근은 바로 귀류법이다. 한 명제를 부정할 경우 모순이 되거나 반론이 도출된다. 그러므로 세상에 정확하게 N개의 소수가 존재한다는 가정으로 시작한다. 여기서 이 소수들은 p_1, ……, p_N이라고 나열하며, N은 유한한 수이다. 이제 N개의 소수들을 곱한 값에 1을 더하면 x가 된다고 가정하자. 그러면 여기서 $x = (p_1 \times p_1 \cdots \times p_N) + 1$이다.

　x를 여기서 임의의 소수로 나누어도 나머지 1이 남는다. 그러므로 x는 여기서 그 어떤 소수로 나뉘어 떨어지지 않는다. 하지만 소수가 아닌 모든 수는 소수의 곱으로 나타낼 수 있으므로(p.30) x의 약수는 오직 1과 자기 자신이다. 그러므로 x도 소수이다. 하지만 이 경우에 N개의 소수 목록은 완전하지 않은 셈이다. 그 결과 우리가 세운 첫 번째 가정은 반박당하고, 사실 소수의 개수는 무한하다는 것이 증명된다.

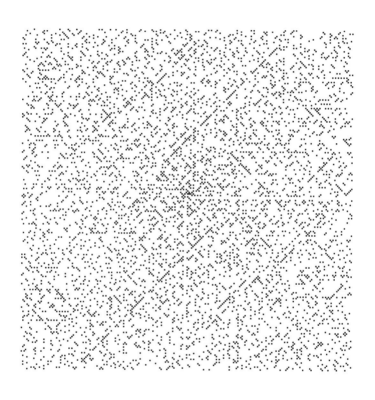

거대한 울람 나선은 4만 개 숫자의 위치를 보여 준다.
여기서 소수는 까만 점으로 나타냈다.

쌍둥이 소수

쌍둥이 소수는 연속되는 홀수인 소수의 짝이다. 그러므로 두 소수 사이의 거리는 2다. 처음 몇 개의 소수를 살펴보자면, 2, 3, 5, 7, 11, 13, 17, 19, 23, 29, 31, 37, 41, 43, 47, 53,……과 같은 소수에서 11과 13, 17과 19, 29와 31, 41과 43은 쌍둥이 소수이다. 그리고 3, 5, 7은 세쌍둥이 소수라고 부른다.

10^{18}보다 작은 쌍둥이 소수는 808,675,888,577,436쌍이 있는 것으로 밝혀졌다. 그리고 대부분의 수학자들은 쌍둥이 소수 가설을 믿는데, 이 가설은 쌍둥이 소수가 무한하게 존재한다고 주장한다. 하지만 이 가설은 아직 증명되지는 않았다.

소수를 다르게 짝짓는 방법들도 존재한다. 쌍둥이 소수와 비슷한 방법을 사용하는데, 사촌 소수cousin primes란 4의 거리만큼 떨어져 있는 소수이고, 섹시 소수sexy primes란 6의 거리만큼 떨어져 있는 소수이다. 폴리냐크의 추측Polignac's conjecture에 따르면 임의의 짝수인 자연수 k에 대해 k만큼의 거리를 갖는 소수의 짝의 수는 무한하다.

	2	3		5		7				11		13				17		19	
		23						29		31						37			
41		43				47						53						59	
61						67				71		73						79	
		83						89								97			
101		103				107		109				113							
						127				131						137		139	
								149		151						157			
		163				167						173						179	
181										191		193				197		199	
										211									
		223				227		229				233						239	
241										251						257			
		263						269		271						277			
281		283										293							
						307				311		313				317			
										331						337			
						347		349				353						359	
						367						373						379	
		383						389								397			

소수정리

소수정리는 소수의 분포를 설명한다. 소수정리에 따르면, 임의의 실수 x보다 작은 소수의 개수는 대략 $\frac{x}{\ln x}$와 일치한다.

알려진 소수의 목록을 사용해서 카를 가우스는 소수의 밀도가 대략 $\frac{1}{\ln x}$라고 추측했다. 이는 x 주변의 폭 d의 작은 구간에서 소수를 찾을 확률은 대략 $\frac{d}{\ln x}$라는 뜻이다. 만약 이것이 참이라면, x보다 작은 소수의 개수는 대략 밀도의 적분 $\int_{2}^{x} \frac{dt}{\ln x}$이고, 이는 대략 $\frac{x}{\ln x}$의 계에 있다.

다음 페이지의 그래프를 보면 $\frac{x}{\ln x}$의 아래쪽 선이 x보다 작은 소수의 실제 개수의 위쪽 곡선에 대한 적합한 근삿값임을 알 수 있다. 정확한 결과를 찾는 것 역시 가능하지만, 리만 제타 함수를 사용해야 한다.

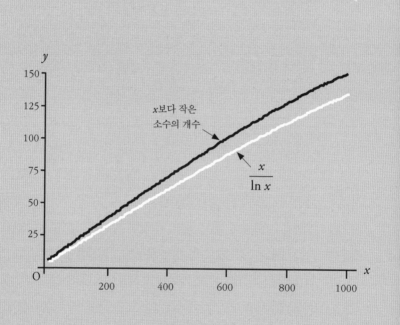

리만 제타 함수

리만 제타 함수는 소수의 분포와 긴밀한 관계가 있다. 리만 제타 함수는 1을 분자로 하고 양의 정수의 s제곱을 각각 분모로 하는 항들의 합, 즉 무한급수이다. 이 식은 또한 소수의 곱으로도 나타낼 수 있는데, 이 공식은 오일러에게도 알려졌다.

$$\zeta(s) = 1 + \frac{1}{2^s} + \frac{1}{3^s} + \cdots\cdots = \prod_{p\,\text{prime}} \left(1 - \frac{1}{p^s}\right)^{-1}$$

여기서 Π은 다양한 인수를 곱한 값이다.

해석접속법의 기술〔p. 302〕을 통해서 제타(ζ)를 해석함수로 확장할 수 있다. 여기서 s는 1이 아닌 복소수이다. 더 깊이 들어가면 오른쪽 그림에 등장하는 방정식을 확고하게 할 수 있다. 이 사실이 놀라운 이유는 바로 이것이 x보다 작은 소수의 자연로그의 합, x자신과 x의 제곱과의 관계이기 때문이다. 여기서 z의 제타 함수는 0이다. 그러므로 제타 함수의 영점이 언제 되는지 알면 x보다 작은 소수에 대해 완전히 알 수 있다.

$$\sum_{p \text{ prime}, \, m \geq -1, \, pm \leq -x} \ln P =$$

$$x - \sum_{z \, : \, \zeta(z) = 0} \frac{x^z}{z} - \frac{\zeta'(0)}{\zeta'(0)}$$

리만 가설

리만 가설은 리만 제타 함수가 0일 때의 상황을 논하는 가설이다. 독일 출생의 수학자 베른하르트 리만Bernhard Riemann은 처음으로 -2, -4, -6과 같은 음의 짝수에는 자명한 영점trivial zero이 존재한다고 주장했다. 음의 짝수들은 전체적 급수에 큰 영향을 주지 않는다는 것이다. 리만은 이어서 가설을 제시했는데, 바로 실수 부분을 포함한 남아 있는 영점의 값이 $\frac{1}{2}$ 이라는 것이다. 곧 이 모든 영점의 값은 $\frac{1}{2} + xi$의 선상에 위치한다는 것이고, 여기서 x는 실수이며 허수는 -1의 제곱근이다. 다음 페이지에 등장하는 그래프를 보면 가장 처음 등장하는 자명하지 않은 영점이 x가 -14.135나 14.135에서 나타난다는 것을 알 수 있다.

리만 가설은 클레이 수학 연구소에서 제시한 밀레니엄 문제〔p.404〕중 하나이다. 또한 힐베르트의 23개 주요 난제〔p.68〕중 하나기도 하다. 비록 $\frac{1}{2} + xi$ 선을 따라 처음 10조 개의 영점들이 등장한다는 점이 증명되었지만, 아직 일반적인 가설이 증명되지 않았다.

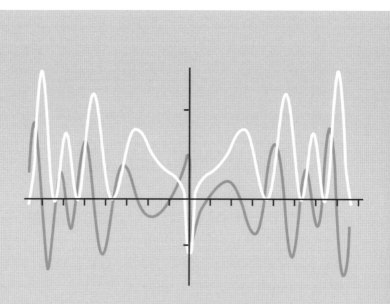

$\frac{1}{2}+xi$에 대한 리만 제타 함수의 실수(백색)와 허수(회색) 부분을
그래프로 나타낸 것이다. 두 곡선이 동시에 0일 경우 리만 영점이 발생한다.

피타고라스의 수

피타고라수의 수는 $a^2 + b^2 = c^2$을 만족하는 자연수 a, b, c이다. 그러므로 $3^2 + 4^2 = 9 + 16 = 25 = 5^2$이기 때문에 3, 4, 5는 피타고라스의 수이다.

무한하게 많은 피타고라스의 수가 존재한다는 점은 분명하다. 왜냐하면 각 수를 같은 지수로 곱하면 새로운 수가 나오기 때문이다. 만약 우리가 어떤 공약수나 공통인수가 없는 세 숫자만을 선택한다면, 이 역시 개수가 무한하다는 것을 보여 줄 수 있다.

원시 피타고라스의 수primitive Pythagorean triples라고 부르는 이 숫자들을 정교한 방식으로 찾을 수 있다. 먼저 $x > y$인 양의 자연수 x와 y를 선택하라. 그리고 $a = x^2 - y^2$와 $b = 2xy$라고 가정하라. 그러면 다음의 식이 성립한다.

$a^2 + b^2 = (x^2 - y^2)^2 + 4x^2y^2 = (x^4 - 2x^2y^2 + y^4) + 4x^2y^2 =$

$x^4 + 2x^2y^2 + y^4 = (x^2 + y^2)^2$이다. 여기서 피타고라스의 수는 $(x^2 - y^2, 2xy, x^2 + y^2)$이고, x와 y에 공통인수가 없다면 원시 피타고라스의 수이다. 조금 더 깊이 연구하면 모든 원시 피타고라스의 수는 이 형식으로 쓸 수 있다는 사실을 증명할 수 있다.

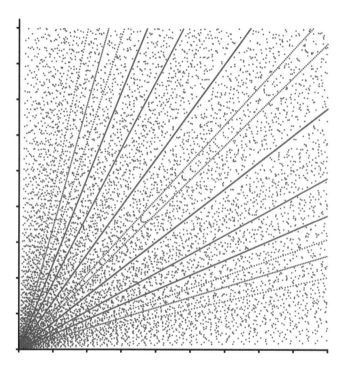

울람 나선 위의 소수처럼, 피타고라스의 수를 그래프로 그린 것을 보면
놀라운 구조가 등장한다.

페르마의 마지막 정리

페르마의 마지막 정리에 따르면, $n \geq 3$일 때 $a^n + b^n = c^n$을 만족시키는 양의 정수 a, b, c는 존재할 수 없다. 이것은 피타고라스의 수를 자연스럽게 확장시킨 셈인데, 피타고라스의 수에서는 $n = 2$이다. 프랑스의 수학자인 피에르 페르마Pierre de Fermat는 1637년 자신의 마지막 정리를 한 수학책 모서리에 적어 두었다. 놀랍게도, 그는 자신이 이 정리를 증명할 수 있다고 말했다. 하지만 그 증명 방법은 발견되지 않았다. 다만 피에르 페르마는 $n = 4$일 경우의 증명만을 남겨 두었다.

그로부터 350년이 지나고 창의적 수학의 연구가 이루어진 후, 앤드루 와일스Andrew Wiles가 한 가지 증명을 케임브리지의 뉴턴 센터에서 발표했다. 비록 그가 제시한 원래 증명에는 문제가 있지만, 곧 해결되었고 그 후 최종적으로 보완한 것이 1995년에 받아들여졌다. 그의 접근 방식은 타원 곡선(p. 402)의 이론에 기반을 두었으며, 더욱 높은 피타고라스 숫자들이 존재한다면 그 시기의 주요 가설을 반박할 것이라고 못 박았다. 그 주요 가설을 참이라고 증명하면서 앤드루 와일스는 페르마의 문제를 같이 해결한 것이다.

'세저곱을 두 개의 세저곱으로,

네저곱을 두 개의 네저곱으로,

두저곱을 제외한 임의의 거듭저곱을 같

은 지수의 거듭저곱 두 개의 합으로

분리하는 것은 불가능하다.

나는 이것에 대해 진실로 놀라운

증명을 발견했지만, 그 증명을 적을

여백이 없다.'

— 피에르 페르마

곡선의 유리점

곡선의 유리점은 두 자연수의 비율로 나타낼 수 있는 함수의 값이나 숫자다. 타원 곡선의 유리점을 찾아내는 것은 페르마의 마지막 정리〔p.400〕를 푸는 데 중요한 역할을 했다.

페르마의 $a^n + b^n = c^n$을 c^n으로 나누면 $\left(\dfrac{a}{c}\right)^n + \left(\dfrac{b}{c}\right)^n = 1$이 된다.

이 방정식의 해가 존재한다면, 그 해는 곡선 $x^n + y^n = 1$의 점들과 일치하며, 이때 x와 y는 유리수여야 한다. 이때 피타고라스의 숫자가 무한하게 많아지는데 그 이유는 곡선 $x^2 + y^2 = 1$에는 무한한 수의 유리점이 존재하고 그로 인해 $a^2 + b^2 = c^2$에는 무한한 수의 해가 존재하기 때문이다. 다시 말해 무한한 수의 피타고라스의 수가 존재한다. 하지만 2보다 큰 n의 경우 문제가 더욱 복잡해진다.

곡선의 유리점과 방정식의 정수 해 사이의 이런 관계는 연속 곡선이 유리점과 교차하는 것에 대한 더욱 자세한 연구를 이끌어 냈다. 단일 곡선에는 무한한 유리점이 존재하거나 유리점이 아예 존재하지 않는다. 더욱 복잡한 곡선은 유한한 수의 점을 갖는다.

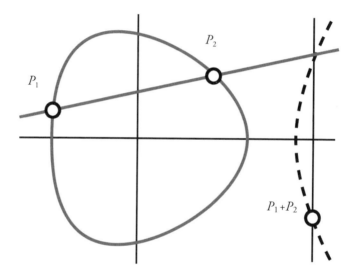

타원 곡선과 교환이 가능한 군 역시 연결될 수 있다.
두 점을 잇는 직선은 세 번째에서 곡선과 교차하고,
x축으로 이 점을 반사하면 두 점의 군을 형성하게 된다.

버치-스위너턴 다이어 추측

버치와 스위너턴 다이어 추측은 클레이 수학 연구소가 제시한 아직까지 증명되지 않은 밀레니엄 문제 중 하나이다. 리만 제타 함수가 소수의 개수를 세는 것처럼, 버치와 스위너턴 다이어 추측은 타원 곡선에서 유리점의 개수를 세는 비슷한 멱급수가 존재할 것이라고 주장한다.

더욱 자세히 말하자면, 브라이언 버치Bryan Birch와 피터 스위너턴 다이어Peter Swinnerton Dyer는 계수가 $\frac{a_n}{n^s}$ 인 멱급수를 정의하는 방식을 제시했다. 여기서 그들은 $s = 1$에서의 급수를 살펴보면 이 멱급수가 유리점의 개수가 무한한지 유한한지 알려 줄 것이라고 추측했다.

아직 이 추측은 일반적으로 증명되지 않았다. 하지만 이는 몇몇 특별한 경우 참이라는 것이 드러났다. 버치와 스위너턴 다이어 추측은 이런 종류의 함수가 정수론의 성질을 결정하는 데 얼마나 깊이 관여하는지에 대해 이해하는 데 핵심적인 역할을 한다.

클레이 수학 연구소의 밀레니엄 문제

- -

P 대 NP 문제

호지 추측

푸앵카레 추측(해결)

리만 가설

양-밀스 질량 간극 가설

내비어-스톡스 존재와 유연 가설

버치와 스위너턴 다이어 추측

405

랭글랜즈 프로그램

  랭글랜즈 프로그램은 정수론과 군 이론을 연결시키는
가설들의 모음이다. 이로써 수학에서 서로 근본적으로 분리된
것처럼 보이는 다양한 분야들을 하나로 만들 수 있는 가능성이
열린 것이다. 랭글랜즈 프로그램은 캐나다 수학자인 로버트
랭글랜즈Robert Langlands가 1960년대에 최초로 제시했는데,
대응의 사전 형식을 띤다. 한 이론의 특정 결과가 참이면, 다른
이론의 같은 결과 역시 참이라는 것이다.

  페르마의 마지막 정리(p.400)를 증명한 마지막 시도가 바로
랭글랜즈 프로그램에서 기인했다. 이렇듯이 성과가 있었고
다른 방향으로 진전이 있었음에도 아직 결론이 나지 않은
부분도 많다. 그럼에도 불구하고, 랭글랜즈 프로그램은 근대
수학의 위대한 융합적 주제 중 한 사례임이 분명하다.

주요 용어

가산
가산집합이란 원소의 개수를 셀 수 있는 집합이다(무한집합도 가능하다). 그 원소들은 자연수의 부분집합과 짝을 맞출 수 있다.

거리함수
공간의 점에 대해서 음의 함수가 아닌 함수로 거리를 나타내는 역할을 한다. 만약 d가 거리함수라면, $x=y$이며 $d(x, y)=d(y, x)$이며 $d(x, z)$가 $d(x, y)+d(y, z)$와 같거나 적을 때에만 $(x, y)=0$이다. 계량은 적분을 통해서도 얻을 수 있다.

결합법칙
집합의 두 원소로 ' · '라고 표기하는 연산을 할 경우, 만약 집합의 모든 원소 a, b, c에 대해서 $a \cdot (b \cdot c)=(a \cdot b) \cdot c$가 성립한다면 이는 결합법칙이다.

교환법칙
집합의 두 원소로 ' · '라고 표기하는 연산을 할 경우, 만약 집합의 모든 원소 a나 b에 대해서 $a \cdot b=b \cdot a$가 성립한다면 이는 교환 가능하다는 뜻이다.

군
자연적이고 추상적인 대수적 구조. 집합 G의 두 개의 원소로 연산 ' · '를 진행할 때, G는 네 가지 조건을 충족해야 집합이라 할 수 있다. 첫 번째로, $a \cdot b$는 모든 a와 b에 대해서 집합 G 안에 존재한다(폐포). 두 번째로, 연산 ' · '는 G에 대해서 결합법칙을 지킨다. 세 번째로, 집합 G에는 모든 a에 대해서 $a \cdot e=a$인 e가 존재한다(항등원). 그리고 네 번째로, 집합 G에 있는 모든 a에는 $a \cdot b=e$인 b가 존재한다(역원).

극한
수열이 수렴할 때 점차 가까워지는 값. 그러므로 수열의 일정 단계를 지나면 남은 항들은 극한에 셀 수 없이 가까워진다.

급수
무한할 수 있는 항의 합.

도함수
미분이 가능한 함수를 미분해서 얻은 함수.

미분
함수의 기울기나 변화율을 찾는 과정. 함수의 변화를 변수의 변화로 나눈 것의 극한을 이용해서 계산한다.

미적분
극한을 사용해서 함수를 연구하는 것으로, 변화율(미분)과 넓이의 합(적분)을 구한다.

벡터

방향과 크기를 가진 물체. 벡터는
유클리드의 공간에서 데카르트
좌표 $(x_1, \cdots, x_n)$의 집합이나 더욱
추상적인 벡터공간의 기본 원소들의
1차결합으로 나타낼 수 있다.

벡터공간

벡터의 추상적 공간으로, 결합(벡터
덧셈)과 척도 구성(벡터가 아닌 상수와의
곱셈)의 몇몇 법칙들을 충족한다.

복소수

a와 b가 실수이고 i는 -1의 제곱근인
형식 $a+bi$의 수이다. a는 실수 부분이며,
b는 허수 부분으로 복합수를 이룬다.

분배법칙

집합의 여러 원소를 이용한
'·'와 '×'라고 표기하는 두 가지
연산이 있다고 가정하자. 만약
집합의 임의의 원소 a, b, c에서
$a \times (b \cdot c) = (a \cdot b) \cdot (a \cdot c)$라면 연산
· 는 좌분배법칙을 따르고, 만약
$(a \cdot b) \times c = (a \cdot c) \cdot (b \cdot c)$라면
우분배법칙을 따른다. 연산 ×가 두
가지 법칙을 모두 따를 경우 이는
연산 · 에 대해 분배적이라고 말한다.

비가산

비가산집합은 셀 수 없는 집합이다.
그러므로 무한하거나 유한한 그 어떤
목록도 집합의 원소를 다 포함할 수
없다.

상

주어진 정의역에서 함수나 사상map이

가질 수 있는 모든 가치의 집합.

소수

1보다 큰 양의 정수로 1과 자기
자신만을 약수로 갖는다.

수렴

극한으로 모아지는 성질.

수열

수의 차례 목록.

실수

유리수거나 유리수의 수열의 극한. 모든
실수는 십진수의 형태로 나타낼 수
있다.

쌍곡선

a와 b가 양이 정수인 상수일 때, $\frac{x^2}{a^2} - \frac{y^2}{b^2}$
=1의 형식으로 나타낼 수 있는 곡선.

연속성

종이에서 연필을 떼지 않고 함수를 그릴
수 있을 때 연속함수라고 부른다. 이는
함수의 극한이 그 점에서 함수의 값과
동일하다는 뜻이다. 이때 함수의 극한은
각 점들로 이루어진 수열이 특정 값으로
모아지는 것을 뜻한다.

원추곡선

평면을 (오른쪽 원형) 원뿔과
교차시켜서 얻을 수 있는 기하학적
곡선의 모임. 원, 타원, 포물선,
쌍곡선이 원추곡선에 포함된다.

유리수

0이 아닌 정수로 나눌 수 있는 정수의

형태로 쓸 수 있는 숫자. 예를 들면, a와 b가 정수이며 b가 0이 아닐 때 $\frac{a}{b}$ 의 형태로 쓸 수 있는 숫자이다.

자연수

정수 혹은 셀 수 있는 수이며, 자연수의 집합은 {1, 2, 3,……}이며 무한대는 포함하지 않는다. 몇몇 사람들은 자연수의 정의에 0을 포함하기도 하고, 집합 {1, 2, 3,……}은 양의 정수라고도 부른다.

적분

미적분을 이용해 넓이의 합을 구하는 과정.

적분 값

함수를 적분한 결과물.

정수

음수를 포함한 자연수.

지수함수

오일러 상수 e를 x제곱으로 곱할 경우 얻는 함수.

집합

원소라고 부르는 물체의 모음. 수학에서 물체들을 모으는 근본적인 방법이다.

측도

집합의 특정 부분집합과 관련이 있는 함수. 다양한 부분집합의 일반화된 크기를 결정하는 데 쓰인다. 측도는 (고도화) 적분과 확률론에 중요한 역할을 한다.

타원

$\frac{x^2}{a^2}+\frac{y^2}{b^2}=1$의 형식으로 표기할 수 있는 폐곡선으로, 이 경우 상수 a와 b는 양의 정수이다. $a=b$의 경우 이 곡선은 원이 된다.

테일러급수

점 x_0에 대한 (특별히 보기 좋은) 함수의 테일러급수는 $n=0, 1, 2, 3,……$의 $(x-x_0)^n$인 항들을 포함하는 멱급수이다. 이는 x_0에 충분히 가까운 x로 수렴한다.

포물선

$y=ax^2+ax+c$의 형태로 나타낼 수 있는 곡선. 여기서 a, b, c는 실수이며 a는 0이 될 수 없다.

프랙털

모든 범위에서 각각의 구조를 가진 집합으로, 아무리 가까이에서 들여다보아도 새로운 구성이 존재하는 것을 말한다.

함수

함수의 정의역에 있는 값에 함수의 치역이나 상에 있는 값을 지정하는 것으로, 종종 $f(x)$로 표기한다.

핵

벡터공간의 영원소를 사상하는 벡터의 집합.

허수

실수 부분이 없는 0이 아닌 복소수. 예를 들면, bi의 형식을 갖는 수로 b는 0이 아니다.

Picture Credits

옮긴이 **김용섭**

미시간 대학교에서 수학을 전공했고 현재 전문 통번역가로 활동하고 있다.

ㅣ한 장의 지식ㅣ **수학**

1판 1쇄 발행 2017년 7월 28일
1판 2쇄 발행 2019년 1월 22일

지은이 폴 글렌디닝
옮긴이 김용섭
감수자 배수경
펴낸이 김영곤
펴낸곳 아르테

미디어사업본부 본부장 신우섭
인문교양팀 장미희 전민지 김지은 박병익
디자인 박대성 **교정** 최은하 **영업** 권장규 오서영
마케팅 민안기 김한성 정지은 정지연 김종민 **제작** 이영민

출판등록 2000년 5월 6일 제406-2003-061호
주소 (10881) 경기도 파주시 회동길 201(문발동)
대표전화 031-955-2100 **팩스** 031-955-2151 **이메일** book21@book21.co.kr

ISBN 978-89-509-7115-1 03400
아르테는 (주)북이십일의 문학 브랜드입니다.

(주)북이십일 경계를 허무는 콘텐츠 리더

아르테 채널에서 도서 정보와 다양한 영상자료, 이벤트를 만나세요!
요조, 장강명이 진행하는 팟캐스트 「책, 이게 뭐라고」
페이스북 facebook.com/21arte 블로그 arte.kro.kr
인스타그램 instagram.com/21_arte 홈페이지 arte.book21.com